時間とはなんだろう

最新物理学で探る「時」の正体

松浦 壮　著

ブルーバックス

カバー装幀―芦澤泰偉・児崎雅淑
カバー・本文イラスト―大久保ナオ登
本文デザイン・図版―齋藤ひさの（ＳＴＵＤＩＯ　ＢＥＡＴ）

はじめに

「時間とはなんだろう?」おそらく、普段の生活の中でこんなことを大真面目に考える機会はほとんどないと思います。なにしろ時間はあまりに身近すぎます。改めて「なんだろう?」と言われても、「時間は時間だよ。ほら、時計が動いてるでしょ? アレのことだよ。そんなことを考えてもしょうがないじゃない」というのが正直なところでしょう。私たちが普段、水や空気の存在に気を払わないのと同じように、人間、身近なものはなかなか意識できないものです。

ですがもちろん、身近で当たり前というのは「つまらない」という意味ではありません。

例えば、身近な水や空気が、窒素・酸素・水素といった元素からできているのはご存じの通りです。そしてこれは、身の周りのあらゆるものについて言えます。水や空気が、姿も形も全く違う石ころや私たち自身と同じく「元素」でできている。これだけでも十分に驚くべきことです。

ですが、話はこれだけではありません。これらのありふれた元素たちは、宇宙開闢(かいびゃく)のときからそこにあった訳ではないのです。事実、宇宙が生まれたときには水素とヘリウムのような単純な元素しかなかったことが、様々な状況証拠から分かっています。それでは、他の元素たちはどこで生まれたかというと、なんと星の中で合成されたのです。

夜空の星たちは主に、水素がヘリウムになる核融合のプロセスによって光っていますが、重い星が寿命を迎える頃、ヘリウムが核融合を起こして炭素や酸素を生み出し、それらがさらに融合して、次々に重い元素を生み出します。そしてついに核融合が起こせなくなると、超新星爆発と呼ばれる大爆発を起こして、生み出した元素を宇宙にまき散らすのです（鉄よりも重い元素は主にこの大爆発のときに合成されます）。

私たちの体が炭素をはじめとする元素で構成され、身の周りに窒素や酸素を含む水や空気が満ちていること自体が、遥か昔に巨大な星が寿命を迎え、そこで生み出された元素たちが再び集まって太陽や地球や私たちを作った証拠です。比喩でも何でもなく、私たちのルーツは星にあるのです。

たったこれだけのことでも、ごく当たり前の存在である水や空気は、つまらないどころか、星の一生という壮大な宇宙の営みの最前線としてそこにあることが見えてきます。「当たり前」の背後に連なる理（ことわり）に触れることで、世界の有り様がシンプルかつ精妙に心に落ちる。学びの醍醐味のひとつです。

それでは「時間」はどうでしょう？　このありふれた存在の背後にどんな理が連なり、それに触れることで、私たちの世界の見え方はどう変わるのか。これがこの本のテーマです。

とは言ってみたものの、時間はやはり手強い相手です。古今東西、時間をテーマにした話題は数知れず。その切り口も、哲学的なものから心理学・生理学的なもの、物理学的なものまで様々です。

それもそのはず。水や空気は実体として目の前に提示することができますが、そもそも時間というやつは見ることも触ることもできません。そのくせ、周りを見渡せば、木々は風に揺れ、人々は忙しそうに歩いていて、風景の全てが「時間が流れているぞ〜！」と声高に主張している訳です。水や空気などよりも遥かにありふれた存在のはずなのに、その正体を捕まえようとしても実体が見えず、スルスルと手を逃れていくようなもどかしさがついてまわります。

実感はあるのに実体がない。

これこそが時間の特徴のひとつであり、時間が一筋縄ではいかない最大の原因と言って良いでしょう。古代キリスト教的な世界観に絶大な影響を与えた聖アウグスティヌスも、次のように述べています。

……それでは、時間とはなんであるか。だれもわたしに問わなければ、わたしは知っている。しかし、だれか問うものに説明しようとすると、わたしは知らないのである（聖アウグスティヌス『告白（下）』服部英次郎訳／1976年／岩波書店）

1600年余りを経た今でも、この感覚は変わっていないように思います。

ところが、そんな曖昧な存在だというのに、私たちは「時間」に対してかなり具体的なイメージを共有しています。表現は人によって違うかも知れませんが、

決して逆回しにできない、宇宙全体を流れる何か

といったところでしょう。

「ゆく河の流れは絶えずして、しかももとの水にあらず」（鴨長明『方丈記』）というやつです。大きな川に浮かぶ小舟や流木は、皆同じ方向に一様に流れていきます。これは、一様な水流がものを押し流しているからです。小舟や流木が勝手気ままに動いていたらこんな揃った動きはしません。人の流れという言葉が示すように、私たちは何かが整然と動くと、その背後に流れを想像する生き物なのでしょう。

時間はこれと同じ匂いがします。

実際私たちは、動くものの背後に時間を感じます。もちろん、目を閉じていても時間は感じますが、頭の中で感じている時間というのは、大雑把に言えば意識活動、すなわち、脳内の神経回路に電流が流れる現象に付随しているので、そこにもやはりものの動きがあります。

そして、ものの動き方は場所によって変わりません。風が吹いたときの木々の揺れ方は世界中

で同じですし、ボールの飛び方が国ごとに違うという話も聞きません。ものの動きを支配する法則が場所に依らずに揃っている証拠です。この、法則そのものを突き動かすように感じる、目に見えない何かの大きな流れが「時」です。

さらに、私たちは経験的に、一度起こってしまったことは二度と元に戻らないことを知っています。ひとたび過ぎ去った時間は取り返しがつかないからこそ、人は後悔し、同時に、「今」という時間の大切さにも気付ける訳ですが、これもまた、人の力ではいかんともし難い大河の流れを彷彿とさせます。時間が持つ「流れる」という印象は、こうした日常の経験によって培われたものと言えそうです。それが本当に実体のある流れかどうかはともかくとして、時間が動きと密接に関係しているのは間違いないでしょう。

これは、時間が止まったときのことを想像するとさらによく分かります。素朴に思い浮かぶのは、水道から出る水は流れ落ちる姿のままで停止し、人は歩く姿の人形のようになり、自動車もその場でピタリと固まって動かない、まるで写真の1コマのような光景です。しかし、この想像は甘すぎます。そもそも時間がなければ、ものが動かないばかりか、光もピタリと止まるために、ものを見ることすらできなくなります。いや、もっと言うなら、時間がなければ神経細胞を流れる電流も止まるので、そもそも見たり考えたりできません。これは当然機械を使っても同じで、時間が止まると、物体の運動はおろか、観測や記録も原理的にできなくなります。当然、時間を認識することもできません。少なくとも私たちが感じる範囲では「時間」と「運動」は間違いなくセットです。

であれば、「時間とはなんだろう？」という問いに答えるための王道は、ものが動く様子を詳しく眺めることです。事実、本文でも詳しく述べるように私たちが常識的に持っている時間観は、300年以上前に構築され、長い年月の内に私たちの世界観の中に組み込まれた古い運動法則をベースにしています。世界観を支える運動の理解と時間観の間に齟齬がないからこそ、今の時間観は疑いようもない真実であるかのように受け止められているのです。

ですが、人間が見出した自然法則は、絶対不変の真実ではありません。むしろ、観測された自然現象を合理的に説明するために、時代と共に変化するものです。それは運動法則でも同じで、この300年余りの間にもアップデートされ続けています。

そして、時間が運動とセットである以上、このアップデートは時間観にも及びます。時間は、運動を理解するために仮定される、最も基本となる原理のひとつだからです。自然界のより深い領域が姿を現し、それに基づいて運動法則が更新される度に、時間の認識もまた確実に進化・深化してきたのです。

特に20世紀に入ってからの進展は飛躍的で、私たちが素朴に描いていた自然観を大きく塗り替えるような発見がいくつもありました。そして21世紀を迎えた今、最先端の物理学は、人類史上初めて、時間の真の正体を捉えつつあるという静かな興奮の中にいます。このワクワク感を多くの人たちと共有したくて、私もこの本を書きはじめたという訳です。

こうして明らかになりつつある「真の時間」は、私たちが日常的に思い描いている時間とは随分違った姿をしていますが、それでもなお、その姿は日常的な時間観と地続きに繋がっています。このことを自分のこととして納得するには、やはりその時代に起きた出来事に思いを馳せ、自らの実感として納得するのが一番です。

そこでこの本では、これまで人類が知り得た「時間」の本質を、ものの動きの理解、すなわち、運動法則の理解の中に求めながら、時間観の変遷を追体験していこうと思います。必然的に、お話の中心は自然科学、とりわけ物理学の立場から眺めた時間になります。ですが、そのプロセスの中で、そうした自然観・世界観に寄り添った「時間」こそが、日常的に感じている時間の原点になっていることに気づくでしょう。こうした理解は、他の切り口で時間を論じる際の土台にもなります。科学が本当に一歩一歩進歩してきたということを肌で感じていただくためにも、できる限り身の周りの出来事を出発点にして、歴史と論理のステップを踏みながら、平易な言葉で話を展開するつもりです。読みやすさを優先して、数式による説明もできる限り避けます。

しかしその一方で、「時間」というテーマとの関係を優先するために、魅力的と思いつつ涙を飲んで省略せざるを得ない話題がいくつもあることでしょう。なにしろ、この本の各章で扱う内容は、事細かに書けばそれぞれが1~2冊の本になります。その意味では、この本は網羅的ではありますが、教科書ではありません。人類が積み重ねてきた重要な原理や法則の間の繋がりを俯瞰しながら、時間観の変遷を辿るガイドという位置づけになるでしょう。将来、この本で提示した地図が、物理学のみならず、この本ではカバーできなかった様々な切り口の「時間論」を学ぶ際の道標になれば幸いです。

さて、御託はこのくらいにして、早速お話をはじめましょう。まずは足場を固めるためにも、私たちが日常的に思い描いている時間観を掘り下げてみたいと思います。

もくじ◉時間とはなんだろう

はじめに――3

第1章 時を数えるということ――17

今何時？――18
時計とはなんだろう？――19
時の流れを感じるということ――21
時の流れを記録するということ――22
正直な感想――25
時の数え方――27
それ、本当に大丈夫？――28
「時間」という仮説――30

第2章 古典的時間観 ――ガリレオとニュートンが生み出したもの――33

実験の精神――34
絶対的に止まっている――39
運動の舞台――40
経験から原理へ――41
慣性 〜相対性原理の顕れ〜――45
力と質量と加速度と――46
力とは、ものの間の相互作用――50
抽象化の威力――52
運動法則が語る時間像――54

第3章 時間の方向を決めるもの ――「時間の矢」の問題――59

時間と運動の狭間に――60
時間は巻き戻せる?――61
「可能性」の数え上げ――64
何かが足りない――66
混沌であるが故に――67
時間は可能性の方向に――68

まだ分かっていないこと——70
私たちが感じる「時間」の本質は？——72

第4章 光が導く新しい時間観の夜明け——特殊相対性理論

——77
光は速いというけれど——79
光は波？　粒子？——83
光の正体——85
マイケルソンとモーレーの憂鬱——87
世紀末のジレンマ——89
アインシュタインの一点突破——90
葛藤と決断——92
絶対時間から相対時間へ——94
机上の空論を超えて——98
「時間方向」という視点——101
時空と距離——102
時間の遅れが示すこと
〜時間と空間の一体性〜——107

第5章 揺れ動く時空と重力の正体 ——一般相対性理論 —— 111

一般化された相対性原理 —— 112
それは絵に描いた餅? —— 114
慣性力 —— 115
何かに似ている…… —— 118
どちらが本当の慣性系? —— 120
それは光の挙動から —— 123
重力による時間の遅れ —— 126
等価原理を時空で見ると……
時空は曲がっている! —— 127
一般相対性原理、
ここに復活! —— 132
時間の別名、重力 —— 134
一般相対性理論が語る時間の正体 —— 136
道半ば —— 137

第6章 時空を満たす「場」の働き ——マクスウェルの理論と量子としての光 —— 139

「力」をよくよく見てみると —— 140
静電気の正体 —— 143

局所性のアイディア——144
局所性の実現
〜「場」というアイディア〜——145
磁石は電荷の流れから——149
発電の仕組み——151
マクスウェルの一撃——153
電場と磁場の波——156
アインシュタインの見た夢——160
もうひとつのジレンマ——162
ジレンマの解決——164
波と粒子の二重性——167
光は量子である——169

第7章 ミクロ世界の力と物質——173
——全ては量子場でできている

原子のミステリー——174
原子が出す光——176
光はエネルギーの運び役——177
「飛び飛び」が意味すること——179
ボーアの量子条件——180
電子よ、お前もか!
〜電子もまた量子である〜——182
「存在しやすさ」の波——185
量子は波? 粒子?——190
量子の波は何の波?——192

粒子は量子のハーモニー——194
量子の真骨頂——198
力も量子のハーモニー——201
量子場が織りなす物質世界——204

第8章 量子重力という名の大統一——時間とはなんだろう?——205

旅路を振り返って——206
古典の時空に量子の場——208
繰り込みと有効理論——209
一般相対性理論は有効理論——212
「宇宙とはなんだろう?」——215
時間でも空間でもない「何か」——216
弦理論というアプローチ——220
弦理論は発展途上——222
時空と場は行列でできている?——224
時間・空間・物質・力のDNAを求めて——227

おわりに——230
参考文献——237
さくいん——244

第1章 時を数えるということ

「時間観」なんて硬い言葉を使ってしまいましたが、難しく考える必要はありません。要するに、私たちが普段、時間をどんなものと捉えているか、ということです。

今何時?

今何時?

おそらく、これが日常生活で一番使われる時間に関する質問でしょう。それに対して私たちは時計を見て、「5時半だよ」などと答える訳です。

例えば今私が原稿を書いているパソコンのデスクトップには、右上に小さく時刻が表示されています。時刻を聞かれたら、今の私ならこれを見るでしょう。皆さんがこの本をどこで読まれているかは分かりませんが、腕時計、壁掛け時計、スマートフォンなどなど、たいていの環境で身近に時計を見つけられると思います。

今の時刻を知るにせよ、どのくらいの時間が経ったかを測るにせよ、時間は時計を使って測る。これが現在を生きる私たちの時間に対する感性、すなわち時間観を支えています。

時計とはなんだろう？

ここでひとつ、一見当たり前の問いかけをしてみましょう。

時計とはなんだろう？

当たり前すぎて逆に答えに困ってしまうかも知れませんが、驚くなかれ、これが案外、後々まで尾を引く、深い問いかけなのです。

時計の本質を見るために、パソコンやスマホはもちろん、腕時計も掛け時計もない素朴な時代の生活を考えてみましょう。あなたならどうやって時間を測るでしょう？

真っ先に思いつくのは太陽でしょうか。太陽は、朝に東から昇って夕方には西に沈みますから、太陽の位置で時間が測れます。他にも、振り子を揺らして、それが何往復したかをカウントしてもいいですし、ポタポタと落ちる水滴を使うこともできるでしょう。もっと長いスパンの時間なら、月の満ち欠けや星空の移り変わりを使うこともできます。これらは全部、立派な「時計」です。実際、ここで挙げた周期現象は「日時計」「振り子時計」「水時計」という形で実際の生活に使われましたし、何より「1日」とか「1ヵ月」のような時間を表す言葉に、その由来が如実に表れています。

共通点にお気付きでしょうか？　時計とは、シンプルに、

周期的な動きをするもの

です。先に例で挙げたもの以外でも、周期的な運動さえしていればどんなものでも時計になり得ます。

事実、身の周りの時計を改めて眺めてみると、そこには必ず周期運動が隠れていることに気付きます。現在一番普及しているクォーツ時計は水晶振動子、つまり、水晶の結晶に交流電圧をかけると一定の周期で電流が振動する性質を使っていますし、ゼンマイ式の機械時計なら、歯車が一定の周期で回転する力学的な周期運動を使っています。

そもそも「1秒」という概念すら、現代では「セシウム133原子の基底状態のふたつの超微細構造準位の間の遷移に対応する放射の周期の91億9263万1770倍」というように、自然界の周期運動を使って定義されています。

かの有名な哲学者、エマヌエル・カントは、非常に規則正しい散歩を毎日欠かさなかったの

で、街の人たちはカントの姿を見ることで時刻が分かったそうです。名付けるならカント時計でしょうか。極端な例ですが、あなたのお腹が空く周期を使っても一向に構いません。もちろんそれは腹時計と呼ばれます。

時の流れを感じるということ

こういう風に考えてみると、時間に対して新しい視点に出会うことができます。現代を生きる私たちは、ほとんど無意識に「時間が流れているからものが動く」と考えてしまいますが、自然な発展の順序から言えばこれは逆です。ものが動くから時間を認識できるのです。

実際、何でも構わないので、「時間が流れているな」と感じる状況を想像してみて下さい。今の私であれば、目の前のパソコンではカーソルが点滅しています。開けっ放しのドアの外では、同僚が忙しそうに歩いています。窓の外を眺めると、自動車が１台通り過ぎていきました。全てに時の流れを感じます。そして、これらには全て何らかの「ものの動き」が伴っています。

誓って言いますが、私は別に動いているものを意図的に選んだ訳ではありません。あくまで、時の流れを感じる風景を選んだ結果、その中でものが動いていただけです。皆さんが思い浮かべた「時間の流れを感じる何か」も、必ず何らかの動きや変化を伴っているはずです。

逆に、「本当に時間が流れているのだろうか?」と疑いたくなるような状況を想像してみるのも効果的です。これは私の大学生時代のエピソードですが、ある朝、徹夜で麻雀をしてアパートに帰った私は、そのまま倒れるように寝床に直行。10時を指す目覚まし時計の記憶を最後に意識が途切れました。そして、深い眠りから浮き上がるように目覚めて目の前の目覚まし時計を見ると、なんとまだ10時を指しているではありませんか！　自分が眠ったことは何となく分かっていたのに、寝てから1分も経っていない。「すわ！　タイムリープか!?」と一瞬混乱したのですが、何のことはない、午後10時だった、というオチです。

ここで大切なのは私のアホな学生生活ではなく、意識が「10時を指す目覚まし時計」という同じ風景に留まったせいで時間の経過を見失った、という部分です。「時間が経過している」という認識がいかにものの変化に依存しているかが分かります。ここまで極端ではないにしても、偶然変化のない状況に置かれて時間の経過を見失った経験のある人は案外多いのではないでしょうか。時間の経過を認識するためには、どうしても何かの変化、すなわち、物体の運動が必要なようです。

時の流れを記録するということ

時間と運動の関係は、「認識」を超えてさらに踏み込むこともできます。

今、私の体に関係する全ての物質の運動が何らかの理由で停止したとしましょう。身動きが取れないばかりか、呼吸が止まってしまうので命が危ない！　と心配して下さる方、ありがとうございます。でも心配ご無用です。確かに肺も心臓も停止しているので酸素は取り込めませんが、細胞の動きも停止しているのでそもそも酸素を消費しません。ついでに脳細胞の動きも止まっているので思考もありません。

心肺停止で思考も止まっているなら、それはもう死と同じじゃないかと思うかも知れませんが、それも違います。私の体は、原子のひとつひとつに至るまで、あらゆる動きを生命活動の途中で止めているだけなので、動かない代わりに壊れることもありません。さて、この状態の私には時間が流れていると言えるでしょうか？（正確なことを言うなら、光の反射も止めないといけないので私の体は見えなくなるはずですが、たとえ話なので今はそこまで厳密に考えるのは止めておきましょう）

少なくとも言えるのは、仮に時間が流れているとしても、私にとってそれはないのと同じ、ということです。

例えば、この状態になってから（外の時計で測って）10年後に私を構成する物質の運動が一斉に再開したとしましょう。私の体は原子1個に至るまで元の状態を保っているので、意識も体も

10年のタイムラグを一切感じることなく運動を再開するでしょう。当然、体の年齢も変わっていません。事情を聞いた私は、「私にはその時間は流れていない」と答えるでしょう。これは、私がその時間を感じなかったから、というだけでなく、私の体を構成する物質に、老化に代表される、時の流れを示す兆候が一切ないからです。

ただ、この状況であれば、私の周りにいる人々は「君は感じていなくても、10年間止まったままだったのだよ。だから、君には10年分の時間が流れているんだ」と言うでしょう。ここで、私の主張と周りの人々の主張のどちらが正しいのかを考えるのも面白いのですが、どうせ後ほど相対性理論の文脈で似た状況を考えることになるので、その議論はそのときまで取っておきましょう。

その代わりに、私の体に起こったこの現象が、今度は宇宙全体に起きたと考えてみて下さい。宇宙全体の運動が全て止まるのです。そして、（神様から見て）10年後に運動が一斉に再開したとします。さて、その10年分の時間は本当に流れたのでしょうか？

今度は状況が違います。なにしろ宇宙の全ての運動が停止していたので、その停止した状態を見ている人は誰一人いないのです（「10年」という時間経過を保証するためだけに導入した神様には何も聞けないとしましょう）。さらにこの場合、人が時間を認識できないばかりか、物質的な記録も一切残りません。原理的に記録する方法がないなら、それは存在していないのと同じことです。
逆に言うなら、時間の経過が記録できているということは、何らかの形でものが変化しているということです。繰り返しですが、変化はものの運動によって生み出されます。時間の認識や記録の背後には必ず物体の運動があり、物体の運動があるからこそ時間を認識したり記録したりすることができる。時間と運動の表裏一体の関係を感じていただけるでしょうか？

正直な感想

さて、ここらで一度足下を見直して、自分の気持ちに正直になってみましょう。ここまでの話を聞いて、何だか騙されたような気がしているのはきっとあなただけではないはずです。皆さん、多かれ少なかれ、こんな風に思ってはいませんか？

確かに、私たち人間が時間を認識したり記録したりするには、何か基準となる運動が必要かも知れない。けれど、それは人間や物体の問題であって、時間の本質とは関係ないいじゃないか。時間というのはもっと根源的で、物体の運動など関係なく、宇宙全体に淡々と流れる水のようなものだ。魚は水がなければ泳げないが、魚がいなくたって水はある。時間だって同じだ。たとえものが動いていなくたって、時間だけはちゃんと流れているはずだ！

はい、大変良く分かります。私も含めて、現代に生きる人は、

世界は「時間の流れ」の中にいて、ものの運動は時間の流れが作り出している

と考えるのが当たり前になってしまっています。このほとんど確信に近い思い込みは一体どこから湧いてくるのでしょう？

実際問題、冷静に考えてみると、これは本当に不思議な思い込みです。先程お話ししたように、私たちが五感で捉えられるのはあくまでものの動きであって、「時間そのもの」ではありません。ものが動いているだけならば、それをそのまま認識するだけで良かったはずです。一体何が、時間などという抽象的な概念にそこまでの現実味を持たせているのでしょう？　実は、この問いかけに答えを与えてくれるのもまた時計です。

時の数え方

私たちの周りには動くものがたくさんあります。その中には、あっという間に終わってしまうような運動もあれば、ゆっくりと継続する運動もあります。その「運動が継続する長さ」、すなわち「運動の継続時間」を、漠然とした感覚を超えて、数を使って定量的に表したいと考えるのはごく自然なことです。

一般に、何かを定量的に決めるためには基準が必要です。そこで、無数にある運動の中から、比較的単純な運動である「周期運動」をひとつ選び出して、その1周期分を基準にしよう、というのが時計というアイディアなのでした。少し前にお話しした、太陽や振り子や水滴を使った時間の測り方がまさしくそれです。

例えば、基準になる運動として「周期運動A」を選び、その1周期分の時間を「1エー」と名付けたとしましょう（もちろん、私が適当に決めた、ここだけで通用する時間の単位です）。ある現象が「周期運動A」5回分をかけて起こったとしたら、その現象の継続時間は5エーである、となります。これが定量的に定められた時間です。

もちろん「周期運動A」こそが時計に他なりません。何のことはない。時間というのは本来、時計を基準にして数を数える行為なのです。

それ、本当に大丈夫？

さて、勘の良い人はここでこんな疑問を持たれるかも知れません。

時間の基準を周期運動Aだけに限定して大丈夫だろうか？

この疑問はもっともです。上で定めた時間はあくまで「周期運動A」を基準にして作り出されたものですから、この運動に強く依存します。言わば「A時間」です。

周期運動は他にたくさんあるので、別に「周期運動A」を特別視する必要はありません。隣の国では別の「周期運動B」を使った「B時間」が、そのまた隣の国では「C時間」が作られるかも知れない、というかむしろそれが自然です。

となると、同じ現象の継続時間であっても、測る基準が違うのだから、ある国では「5エー」、隣の国では「10ビー」、そのまた隣の国では「200シー」というように違う数値で表現されてしまうでしょう。これはまずくないでしょうか？

結論から言えば、おそろしいことにまずくありません。なぜおそろしいかと言うと、それがとても不思議なことだからです。

通常は、基準が変われば価値や評価は変わるものです。例えば、食べ物の美味しさを私の好みを基準にして定義したとしましょう。ラーメンの美味しさは１００、ハンバーグは１５０、カレーライスは２５０みたいな感じです。この数字は人によって変わりますし、美味しさの順序も完全に人に依ります。ラーメンは９９９、ハンバーグは10、カレーライスは２００という人だっているはずです。世の中に溢れている価値や評価なんてそんなものばかりです。

けれども「継続時間」は違います。上のように測った継続時間は、本質的に基準の選び方に依らないことを私たちは経験的に知っています。大学の授業の継続時間は90分ですが、その授業を「秒」で測れば60倍の５４００秒になりますし、「時間」で測れば１・５時間です。仮に上で導入した「時間Ａ」で測った1分が10エーだとしたら、大学の授業は９００エーになるはずです。

どんな現象を測っても1分は60秒、１時間は60分、１分は10エーという比率が変わらないということは、どの基準で測った継続時間も同じ意味を持っているということです。味覚の例えで言うなら、誰の好みを基準にしても料理の美味しさは同じ、と言っているようなものです。偶然にしてはできすぎで、実に不思議です。

「時間」という仮説

不思議なものを「まあそんなもんだ」と考えて、不思議なまま放っておいても良いと言えばいいのですが、なぜそんなことが起こるのか、できればスッキリと理解したいと思うのが人情というものです。ですが、手持ちの材料を使ってちゃんとした説明ができるかと聞かれると、ちょいとばかり手詰まり感があります。そういうときに役に立つのが「仮説」という考え方です。

本当に正しいかどうかは別にして、そのように考えたら万事うまく説明できる、という存在や考え方を仮定として導入してしまうのが仮説です。特に物理学は、観測されている現象がその仮説の下で矛盾なく説明できるうちはその仮説を正しいものと考えよう、という前向きな方針を積極的に採用することで発展してきました（もちろん、その仮説に矛盾する現象が見つかったら、その時点でその仮説は捨てるなり修正するなりすることになります）。

今の場合なら、

物体の存在とは無関係に「時間」が存在していて、
物体の運動はその時間に沿って起こる

という仮説を立ててみましょう。

これさえ認めてしまえば、物体の運動は時間に沿うのだから、基準に関係なく時間の測定ができるのはむしろ当たり前です。何の不思議もなくなります。

そしてこの仮説は、現在を生きる人々が思い描いている時間の姿そのものです。私たちが思い込んでいる「時間」という存在は、物体の運動が持つ性質を説明するために導入された仮説だった、というのが事の真相です。

おそらく、人類が周期運動の便利さに気付くのと時を同じくして、この「時間仮説」は人々の間に自然発生したはずです。実際、身の周りにはこの仮説と矛盾するような現象はひとつもありません。そんな訳で、この仮説はごく当然のように「真実」として私たちの世界観の中に組み込まれ、今日では時間ありきで世界を眺めるのが当たり前になってしまっている、という訳です。

いかがでしょう？　結局常識的な時間観に戻ってきた訳ですが、こうして一巡りしてみるとその捉え方に深みが出たように思いませんか？

特に、「時間」という概念そのものが物体の運動を説明するために設けられた仮説であると分かったことは重要です。この本の主題でもある「時間とはなんだろう？」という問いかけを追求するために、

物体の運動を注意深く吟味せよ

という方針が立てられるからです。事実、上で述べた素朴な仮説は、物体の運動を注意深く観察し、そこに法則が見つかることによって益々堅固に補強され、進化してきました。

そこで次の章では、身の周りのあらゆる運動を支配し、現代に至るまで人々を縛る時間観を構築した2人の人物のお話をしましょう。言わずと知れた大天才、ガリレオ・ガリレイとアイザック・ニュートンです。

第2章

古典的時間観

ガリレオとニュートンが生み出したもの

ガリレオ・ガリレイといえば「それでも地球は動いている」の言葉と共に地動説を支持した人、と記憶している方も多いかも知れません。確かにこの言葉はガリレオの業績をよく物語っています。自ら望遠鏡を発明し、木星の衛星（「ガリレオ衛星」の名が付いています）が木星の周りを回る様子を目の当たりにし、金星が月と同じように満ち欠けすることを発見した彼は、天動説よりも地動説の方が遥かに合理的に天体現象を説明できることを肌で感じていたことでしょう。彼のこの言葉は、彼自身が見出した当時の最新知識の裏付けがあってこそのものです。

こうした偉業をひとつひとつ紹介して、その科学的・哲学的な意義を語るのも面白いのですが、それは他に素晴らしい本がたくさんありますからそちらに譲ります。その代わり、ここでは彼が生み出した「科学の精神」のお話からはじめることにしましょう。

前の章でお話ししたように、時間は仮説のひとつです。これからお話しする考え方が、現代科学における仮説との付き合い方を教えてくれます。

実験の精神

現代では、何か物事を説明するとき「科学的であること」が正しさのひとつの基準になっています。それだけ科学が信頼されている証なのですが、「科学的である」とはそもそもどういうことでしょう？　例えば手元の辞書にはこうあります。

物事を実証的・論理的・体系的に考えるさま。また、思考が事実にもとづき、合理的・原理的に体系づけられているさま（『広辞苑　第六版』）

堅苦しい書き方をしていますが、要するに、①論理的に首尾一貫していて、②事実に基づいていて、③誰が検証しても同じ結果になる、という基準を「科学的」と呼ぶようです。確かに、「信頼できる説明とはどういうものだろう？」という問いを突き詰めると、概ね（おおむ）ねこのあたりに落ち着くように思います。

さて、ひとつ目の論理の首尾一貫性は当たり前として、ふたつ目（事実であること）と３つ目（再現性）を保証するために有効なのが「実験」です。これによって事実であることを客観的に示すことができますし、実験手順を公開することで再現性を確保することにも繋がるからです。

ですが意外なことに、実験がこれほど重要であると認識されたのはそれほど昔のことではありません。そのはじまりは16世紀後半。実験に基づいた科学の方法を確立したのは、なんとガリレオです。

ガリレオが登場するまでは、自然科学（という名称は当時ありませんでしたが）の方法論は今と少し違っていました。もちろん「正しいことを追求したい」という気持ちは同じですが、「何を以て正しいとみなすか」という基準が今と少し違ったのです。

抽象的な話は分かりづらいので、一例としてこんな古典的な疑問を考えてみましょう。

重いものと軽いものはどちらが速く落ちるだろう？

まずは日常生活から答えを探しましょう。重いものの代表としてズシリと重い金槌(かなづち)、軽いものの代表として木の葉を考えます。これらを同時に落としたらどちらが先に落ちるか？ それはもちろん金槌ですよね？ 子供でも分かります。今の知識から見れば、これは重力と空気抵抗がコラボした結果ですが、それは後から分かることです。経験から生じる直感は「重いものは軽いものよりも速く落ちる」と告げています。

実際、アリストテレスはこれが落下の特性であるとはっきりと書き記していて、17世紀当時でもこれが真実とみなされていました。誰もが納得できる事実に基づいて自然法則を読み取ろうという態度は今と変わっていませんが、事実と認定するための基準が、ありのままの自然から得られる人間の直感や観念に置かれていたことが分かると思います。

そんな中でガリレオが主張したのが、

物体を落下させたとき、空気の抵抗さえなければ、一定時間に落下する距離は物体の質量によらず一定で、落下時間の２乗に比例する

という、いわゆる「落下の法則」です。

この直感とは真逆の法則にガリレオが確信を持ったのは、ひとえに実験のおかげです。鉄製の玉と木製の玉をピサの斜塔から同時に落とした、という有名な逸話は実は作り話で、実際には坂道でボールを転がしたようですが、いずれにせよ、人の手で状況を整えることで、空気抵抗や摩擦のような、落下とは直接関係のない要素をできる限り排除し、「落下」という現象の本質を抽出しようとした点が重要です。

実験自体がシンプルですから、再現性も確保されています。もちろん現代であれば、容器の中の空気を真空ポンプで抜くことでより直接的な実験ができます。真空の容器の中で金槌と木の葉が同時に落下する様子を見れば、落下の法則は誰の目にも明らかです。

この手法がどうして画期的だったかというと、

直感的に正しいことが必ずしも物事の本質を捉えているとは限らない

ということを端的に示してしまったからです。人の直感がいつも自然法則を正しく捉えるなら問題ないのですが、それが信用できないと分かった以上、それを土台に「理解」を構築する訳にはいきません。「直感的に正しいと感じてもまずは疑え」という科学の姿勢は、このような事例の教訓として生まれました。

結果として、事実判定の基準は、従来の「直感」や「観念」から、より信頼がおけて再現性のある「実験」や「論理」にシフトしていくことになりました。ここに来て人類は、

客観的で再現性のある実験や論理を拠り所にして、自然現象の中に本質的な法則を見出すべし

という、自然現象と付き合うためのより確実な方法を手に入れた訳です。ガリレオが「近代科学の父」と言われる所以(ゆえん)です。この先、「時間とはなんだろう?」という問いに答えるために様々な自然法則たちを眺めていきますが、その中には常にこの精神が息づいていることをどうか覚えておいて下さい。

さて、それではいよいよ、時間の正体に迫るべく、実験の精神を武器に、物体の運動に斬り込

んでいきましょう。やるべきことは明らかで、無数にある物体の運動に共通する「本質的な法則」を見出すことです。ここでもまたガリレオの知恵を拝借して、日常の現象に見え隠れする運動の根本原理を掘り起こしていきましょう。

絶対的に止まっている

例えば今、あなたは街のカフェでコーヒーを楽しみながら外を眺めているとしましょう。外にはたくさんの人が忙しそうに歩いています。あなたは当然、自分は止まっていて外を歩く人たちが動いている、と認識するでしょう。

次に視点を変えて、歩行者の一人に、「あなたとそこでコーヒーを飲んでいる人、どちらが動いていますか？」と聞いたらどう答えるでしょう？　あまり忙しそうな人に聞くとシバかれそうなので注意が必要ですが、十中八九「私（歩行者）が動いています」と答えてくれるはずです。

このように、日常生活では動いている人は誰から見ても動いているし、止まっている人は誰から見ても止まっています。ある状態が誰にとっても同じであることを「絶対的」と言いますが、この言葉を使うなら、日常生活では「動いている」とか「止まっている」というのは絶対的な概念です。

これはなぜかというと、私たちは暗黙の内に「地面」を仮定しているからです。具体的に想像すると分かるように、日常用語で止まっている・動いているというのは、地面に対して止まっている・動いている、という意味です。地面があまりに当たり前の存在なので、わざわざ「地面に対して」と言わないだけです。もはや無意識になってしまっていますが、「地面」という基準の存在が、日常レベルでの運動の絶対性を保証してくれます。

運動の舞台

さて、ここで少し視野を広げましょう。現代に生きる私たちは、「地面」が宇宙に浮かぶちっぽけな惑星の表面に過ぎないことを知っています。とすると、地面を絶対的な基準として便利に使えるのは地上の運動を考えるときくらいで、地上以外で起こる運動にその基準を使う理由はサラサラありません。もっと一般的に使える便利な基準はないものでしょうか？

ここで思い返してみると、地上において地面が運動の基準になり得たのは、全ての運動の背景に地面があるからです。言わば、地面は地上における運動の「舞台」のようなものです。では、より一般的な運動の「舞台」とは何でしょう？

地球が運動の基準になり得なかったのと同様、特定の物体を基準にするのは無理があります。

となれば、最有力候補は空間そのものでしょう。空間自体をひとつの入れ物とみなせれば、その入れ物を基準にして「動いている」とか「止まっている」を決められるはずです。

この「入れ物として止まっている空間」は印象的な概念なので、「絶対静止系」という特別な名前が付いています。これは直感的には良いアイディアに思えるのですが、地面は物理的に存在が確認できるのに対して、空間そのものは目に見えないので困ります。「絶対的に止まっている空間」はどうやって特定したら良いでしょう?

経験から原理へ

ここで登場するのが実験の精神、すなわち、「科学的な判断は、直感や観念ではなく、客観的に観測できることをベースにおこなうべし」という考え方です。

地上では、仮に地面が見えなくても、特定のランドマークを見ることで地面の存在が分かります。「東京スカイツリーが動いて見えるから自分は動いている」という具合です。同じように、もしもこの世に絶対静止系なるものがあるとしたら、絶対静止系と関わりの深いランドマーク的な物理現象が存在して、止まっている状態と動いている状態でそれが変わって見えるはずです。逆に「絶対静止系」など存在しないとしたら、止まっている状態と動いている状態でどんな実験をしても、その結果は同じになるはずです。さて、現実はどうなっているでしょう？

　最初はやはり日常の経験を参照するのが良いでしょう。個人的な経験で恐縮ですが、先日こんなことがありました。出張で京都行きの新幹線に乗っていたときのことです。疲れ気味だった私は、うとうとと眠ってしまいました。そしてふと目を覚ましたとき、なんとなしに「停車駅かな？」と思いながら窓の遮光板を上げると、なんと順調に走行中だったのです。

　多少寝ぼけていたとはいえ、驚くべきは新幹線の静音性なのですが、ここで重要なのは、おそらく時速300km近いスピードで走行中にもかかわらず、体感レベルでは停車駅に止まっている状況と区別が付かなかったという事実です。もし、音や振動の全くない理想的な電車に乗っていて、しかも窓にはしっかりとカーテンが閉まっていたら、外を見ることなしに自分が止まっているのか動いているのかを判定できるでしょうか？　とても難しそうに思えます。これは、少なくとも体感レベルでは絶対静止系は観察できない、ということです。

　ここで、「電車がブレーキをかけたりカーブを曲がったりしたら分かるんじゃないの？」と思った方、鋭い！　その通りです。そのときは、「おっとっと」となる力（慣性力）が働いてはっきりと状況が変わるので、自分が地面と違う状態にいることが即座に分かります。

　ですがよくよく考えてみると、それで分かるのは速度が変化したことだけで、「どのくらいの速度を持っているか」までは分かりません。実を言うと、慣性力は大変面白い問題を含んでいて、後ほど主役級の扱いで再登場することになるのですが、今の段階では少々フライング気味です。できる限り単純な状況からはじめるのが科学の鉄則ですから、今は「スピードを変えずに真っ直ぐ走る」という状況に集中しましょう。

さて、こうした一連の事柄を初めて大真面目に考えたのがガリレオです。ガリレオの場合は、船のマストからものを落としたら、その船が海上を走っていても港に停泊していても、必ずマストの真下に落ちるという例を引き合いに出しました。時代の関係で電車と船という違いはありますが、同じ問題意識です。

ガリレオが面白かったのは、これが人間の感覚の問題ではなく、宇宙の根源的な原理の顕(あらわ)れであると考えた点です。私たちも同じ立場を取ることにしましょう。すなわち、止まっている状態と動いている状態に違いを感じないのは、私たちの宇宙が、

スピードを変えずに真っ直ぐ動く限り、その人から見た運動法則は、止まっている人から見た運動法則と全く同じである

という性質を備えているからである、という仮説を採用するのです。この仮説は「相対性原理」と呼ばれます。「スピードを変えずに真っ直ぐに動く」というのは長いので、これ以後は

「等速直線運動」と呼ぶことにしましょう。

現在のところ、数々の精密実験をおこなっても相対性原理は矛盾なく成り立っています。もちろん、無限にある全ての物理現象を調べた訳ではありませんし、もっと観測精度が上がれば違いが見える可能性もゼロではありませんが、今のところ、相対性原理は宇宙の基本原理と考えて良さそうです。

となると、絶対静止系はどんな物理現象を使っても原理的に観測できません。実験の精神の下ではそれは存在しないのと同じことです。確かに空間は運動の舞台ではありますが、「地面」とは違って運動の基準にはなり得ないのです。

運動に絶対的な基準を設置できないとなると、私たちは一体何を基準にして運動を眺めたら良いのでしょう？　答えは、「等速直線運動をしているものなら何でもいい」です。なにしろ、自分がどんな速さで動いていても物理法則は同じなので、自信を持って自然現象を観察できます。当然、「絶対的な速度」という概念もなくなります。

例えば、地面の上に立っている人と時速100㎞で走っている車があって、その横を時速300㎞で新幹線が通過したとしましょう。立っている人から見た新幹線の速さは時速300㎞、車から見た新幹線の速さは時速200㎞です。これは、どちらかが正しくてどちらかが間違っているのではなくて、どちらも正しい。速度は基準を決めて初めて定まる相対的な概念となります。

相対性原理の命名はこれが由来です。

慣性　～相対性原理の顕れ～

この一見抽象的で役に立たなそうに見える原理の威力は、一連の考察をさらに突き詰めることで明らかになります。今、皆さんの目の前には何かしら静止した物体があると思います。その物体が、何もしていないのに動き出すことはあるでしょうか？　私が子供の頃にはその手の超能力映像が大流行していましたが、そういうのはご愛敬です。再現性のある現象としてそんな例を知っている人はいないと思います。敢えて法則風に書くならこうなります。

静止している物体は、外部から何もしない限りそのまま静止を続ける

ここで相対性原理を思い出しましょう。目の前の物体はあなたから見たら静止していますが、等速直線運動している人（Aさんとしましょう）から見たら等速で動いています。相対性原理から、あなたとAさんが見る世界は全く同じ物理法則に支配されています。ですから、「静止している物体」と「等速直線運動している物体」に働く物理法則は同じはずです。とすると、静止している物体に成り立つ「何もしない限りそのまま静止を続ける」という法則が正しいなら、次の法則もまた正しくなければいけません。

等速直線運動している物体は、
外部から何もしない限りそのまま等速直線運動を続ける

気付いた方もいるでしょう。これは、アイザック・ニュートンが見出した運動三法則の中の第一法則、「慣性の法則」に他なりません。何のことはない。慣性の法則というのは、相対性原理を物体に素直に適用した結果なのです。

力と質量と加速度と

この考察はさらに深めることができます。「等速直線運動」というのは、速度が変化しない運動のことですから、慣性の法則は、平たく言うと「何もしなければ速度は変化しない」という主張です。これは、

速度が変化するときは何かをしている

という意味でもあります。この「何か」を具体化しましょう。

例として何かの物体（例えばバット）にボールが当たる場面を考えましょう。私たちが確認できるのは、

何らかの物体がボールに接触したらボールの速度が変わった

という事実だけです。ここからふたつのことが類推できます。ひとつは、この世には「物体の速度を変化させる作用」が存在するらしいということ。もうひとつは、全ての物体は、他の物体にその作用を及ぼす能力を持っているらしいということです。この作用を「力」と呼びます。

この定義はまだ抽象的なので、もっと具体化しましょう。私たちが測れるのは物体の速度の変化だけなので、力の大きさもそれに基づいて定義するしかありません。一定時間内に速度が大きく変化したら、それだけ大きな力が働いたと考えるわけです。速度の変化の度合いには「加速度」という名前が付いています。より正確には、加速度は「速度が1秒当たりどのくらい変化するか」という概念です。であれば、力が持つ「物体の速度を変化させる」という身の上を素直に

尊重して、

ある物体に働く「力の大きさ」はその物体の加速度に比例する

と決めるのが最もシンプルかつ実用的でしょう。「力の大きさ」は人が便利に決めたもので、天から与えられたものではないというのは意外に思われる方も多いかも知れません。

もうひとつ大切な要素があります。それは、同じ大きさの力を加えても、全ての物体が同じように加速する訳ではないということです。例えば、軽くて摩擦のない台車をそのまま押すとあっという間に加速しますが、その台車に巨大な石像を載せて押すとのろのろとしか動きません。このことから、それぞれの物体は「動きにくさ」に相当する固有の性質を備えていると考えるのが自然です。これを「質量」と呼びます。そして、この質量もまた目に見えないので、加速度を基準にして、

ある物体に同じ強さの力を加えたときに生じる加速度は、その物体が持つ質量に反比例する

と決めてしまうのが便利です。
このように決めた「力」と「質量」を総合すると、次の法則に辿り着きます。

物体に力を加えると、その物体の加速度は加えた力の大きさに比例し、物体の質量に反比例する

これは、ニュートンの運動法則の要（かなめ）、「運動方程式」に他なりません。実際、力（force）をF、質量（mass）をm、加速度（acceleration）をaと書くことにすると、この文章は「$F=ma$」という有名な式に翻訳できます。

ここで余談をひとつ。「質量って、要するに重さでしょ?」と思ったそこのあなた、またもや鋭い！　私たちは経験的に重いものは動きにくいことを知っているので、当たり前のように「重さ」を使って質量を測るのですが、よくよく考えてみるとこれはとても不思議なことです。「重さ」というのはその物体に働く重力の強さで、本来、動きにくさとは関係ありません。「重力に対抗するから動きにくいんでしょ?」と思われるかも知れませんが、それは間違いです。重力は下向きに働きますが、動きにくさは横方向にも現れるからです。極端な話、宇宙空間では重力が働かないので重さはありませんが、物の動きにくさには違いがあります（さもなければ、宇宙飛行士が宇宙船をつくだけで、宇宙船は宇宙の果てまで飛んで行ってしまうでしょう)。このことからも、「重さ」と「質量」の概念の違いが分かると思います。「重さ」と「質量」は全く関係ないはずなのに、重力のある環境では、なぜか動きにくいものほど強い重力が働きます。これは、今の段階では理由の分からない事実ですが、後ほど非常に大切になるので、頭の片隅に留めておいて下さい。

力とは、ものの間の相互作用

先程、物体が加速する場面を想像したときに、①世の中には「力」と呼ばれる、物体を加速させる作用が存在し、②全ての物体は他の物体に「力」を作用させる能力を持っている、というふたつの仮説を立てました。運動方程式は①からの帰結だったので、今度は②に注目しましょう。

これは平たく言えば「力は物体から物体への作用である」ということです。実際、物体に力が働くときには、例外なく「発生元」と「作用先」のふたつの物体があります。例えば手でボールを投げるときは、ボールが力の「作用先」で、手が力の「発生元」です。

ニュートンが気付いたのは、あらゆる力に共通する次の特別な性質です。

物体Ａが発生元で、物体Ｂが作用先であるような力が働いているときには、
必ず、物体Ｂが発生元で、物体Ａが作用先であるような力が同時に働いていて、
このふたつの力は大きさが等しく、向きは逆向きである

つまり、物体は必ず、力の発生元であると同時に作用先でもある、ということです。先の例なら、ボールを投げるときには、手からボールに力が作用すると同時に、ボールから手に同じ大きさの力が逆向きに加わっています。これがニュートンの運動第三法則、通称「作用・反作用の法則」です。

この法則はどんな力に対しても成り立ちます。例えば、ふたつの磁石のＮ極同士を近付けて手を放すと、両方の磁石が反発して同じように飛んで行きますが、これはふたつの磁石が同じ強さの力を逆向きに及ぼし合った結果です。力の本質は、ふたつの物体の両方がお互いに作用を及ぼし合うという意味で「相互作用」なのです。素粒子物理学などで、「力」よりも「相互作用」の方が用語として好まれるのはそのためです。「力」には本来的に主体がないのです。

ここまでで述べた３つの法則、「慣性の法則」「運動方程式」「作用・反作用の法則」をまとめて、「ニュートンの運動法則」と呼びます。

高校の物理で真っ先に出てくる法則ですが、ガリレオの相対性原理に、「力」や「質量」とい

う目に見えない概念を具体化する知恵が織り込まれた、味わい深い法則であることが分かっていただけるでしょうか。

抽象化の威力

ここまで辿って来た道筋を振り返ってみると、ものが落下したり、ボールを投げたりといった具体的な現象を考えていた頃に比べて、話が随分と抽象化されたことに気付くと思います。これは、相対性原理から運動の法則を導くときに、運動のエッセンスだけに話を限定したからです。

つまり、物体が持っている属性としては「速度」と「質量」だけを、速度の変化を生み出す要因としては「力」だけを抽出して、物体の材質・形状や運動のパターンのような、状況によって変わる要素を敢えて無視したのです。運動方程式というのは、物体の属性（速度・質量）と外的要因（力）の間の関係を与える法則、ということになります。法則というのはいつでも、このように無駄な要素をそぎ落としていくことによって見えてくるものです（私の前著『宇宙を動かす力は何か』（新潮新書）ではこの技術を「無色化」と呼んで詳しく述べました）。

この抽象化された法則の威力は絶大です。もし物体に働く力が分かっていれば、その物体がどんな形をしてどんな色をしていようとも、運動方程式からその物体の加速度が即座に分かります。以前述べたように、加速度は「速度が1秒当たりどのくらい変化するか」という概念（「速度の時間微分」と呼びます）ですから、加速度が分かれば、各時刻に速度がどのくらい変化するかが分かります。

であれば、その物体が最初に持っていた速度にその変化を順番に足し上げることで、その物体がある時刻にどのくらいの速度を持っているかが計算できます（この操作を「積分」と呼びます）。同様に、速度というのは位置の時間微分、すなわち、「位置が1秒当たりどのくらい変化するか」という概念なので、同じ積分の方法を使ってその物体がある時刻にどの位置にいるかが分かります。運動方程式があれば、その物体のある時刻における速度と位置が計算できてしまう訳です。これは、物体の運動を完全に予言できることを意味しています。

このプロセスによって実際の運動が正確に予言されることは、数々の実験を通して検証されています。例えば、運動方程式を空気抵抗が働かない、理想的な状況で落下（「自由落下」と言います）する物体に適用すると、物体の落下距離が落下時間の2乗に比例し、物体の質量に依らないことが分かります。これはガリレオの落下の法則に他なりません。

他にも、運動法則を使って、月や惑星たちがこれからどういう動きをするかを予め机の上で計算しておくと、実際の天体がその予言通りに動き、1秒の狂いもなく日食や月食などの天体現象を予測できます。太陽系最果ての惑星を目がけて正確に探査機を飛ばすなどという離れ業が可能なのも、運動方程式のお陰です。ニュートンの運動法則が「物理学の金字塔」と呼ばれる所以です。

運動法則が語る時間像

さて、これまでは、日頃目にする現象からぼんやりと「時間」の存在を感じ取っていましたが、日常的に目にするあらゆる運動を支配する法則を手に入れた今、もっと客観的でしっかりとした時間像を描くことができます。

先程私は、物体が持っている属性として「速度」を挙げて、運動の様子を抽象化しました。また、運動方程式に現れる加速度が、速度が1秒間にどのくらい変化するか、すなわち、速度の時間微分という概念であることも既に述べた通りです。このような言い方をしている時点で、時間を連続する実数値で表すことができて、与えられた時刻ごとに物体の速度が決まっている、という前提が暗黙の内に置かれていることに気付きます。

また、速度が位置の時間微分（位置が1秒間にどのくらい変化するか）であることを思い出すと、物体の位置もまた与えられた時刻ごとに決まっていることになります。ここまでくると、数式を使う便利さも見えてくるでしょう。物体の場所は、その縦、横、高さの位置 x、y、zを指

定すれば決まります。その物体の位置が時刻ごとに決まっているということは、

時刻は連続な実数のパラメータ（t）で表され、
物体の位置は時刻の関数$(x(t), y(t), z(t))$で表現できる

ということです(※1)。

物体の運動を予言するというのは、運動方程式を使ってその関数形を決定することに他なりません。ちなみに、物体の位置もまた連続に変化できるとみなしているので、時間と同様、空間もまた連続であることが仮定されています。

さらに、ふたつの物体A、Bがある場合を考えてみましょう。この場合も、それぞれの物体の位置を時間の関数として表すことになります。Aの位置は$(x(t), y(t), z(t))$、Bの位置は$(x'(t), y'(t), z'(t))$という具合です。

このときに、重大な仮定を置いていることに気付いたでしょうか？　それは、「全ての物体に共通の時間を用いて良い」という仮定です。原理的に言うなら、それぞれの物体に流れる時間はバラバラであっても構わないはずです。それにもかかわらず、時間を共通に取れるということは、暗黙の内に「宇宙全体に共通の時間が流れている」という思想が仮定されていること

です。この性質を持つ時間は「絶対時間」と呼ばれます。

実験の精神に従うなら、絶対時間が正しいかどうかは、それを元にして作られた運動法則が正しく機能しているかどうかで判定されるべきですが、既に述べたように、ニュートンの運動法則は日常目にする全ての運動を正確に予言します。これは十分な状況証拠と言えるでしょう。

こうして得られたのが、

連続した3次元空間の中に、連続した共通の時間が脈々と流れている

という宇宙の姿です。おそらく、多くの人が漠然と思い描く像に一致していると思います。度々強調してきたように、これはあくまで仮説です。ですが、運動法則という強力な裏打ちを得たこの宇宙の姿は、いつしか仮説であることすら忘れられ、「真実」として人々の世界観に浸透しました。

実は、後の章で登場する相対性理論によって、この宇宙観は大きな変更を受けるのですが、相対性理論が生まれて100年余りを経た今になっても、多くの人々はその変更に多かれ少なかれ拒否反応を示します。ガリレオとニュートンが作り上げた世界観がいかに深く現在の文化に根付いているかを物語っています。

※1　正確に言うなら、「位置は時間の2回以上微分可能な関数」と言うべきですが、細かいことは気になったときに気にすれば良いでしょう。

第3章

時間の方向を決めるもの

「時間の矢」の問題

時間と運動の狭間に

ところで、私たちが思い描いている時間には、まだ触れていないもうひとつの大きな特徴があります。

時間は逆行できない

です。ある意味、これこそが時間の一番印象深い特徴かも知れません。今度はこの性質について考えてみたいと思います。

ここでもう一度大切なことを思い出しましょう。時間というのは、物体の運動を理解するために導入された仮説でした。正体は分からないけれど、物体の運動とは別に「時間」の存在を仮定することで身の周りに起こる出来事を都合よく説明できるからこそ、私たちはそれを正しいと思っているのです。

「時間は逆行できない」という特徴も、その原点は身の周りの出来事が持つ「一度起こったことは取り返しがつかない」という特性にあります。その原因を時間の性質に求めている訳です。

実際、現実に起こる運動には間違いなく方向があります。真空容器中に放出された気体は自然に容器全体に広がっていきますが、容器中の気体が自然に１ヵ所に集まることはありません。地面を転がるボールは摩擦のためにスピードを落として止まりますが、止まっていたボールが摩擦によって動き出すことはありません。人は年と共に老いますが、年と共に若返って子供に戻る人はいません。これを最もシンプルに説明する方法は、「時間が進む方向は元々定まっているのだ」という仮説を考えることです。シンプルかつ効果的な仮説だからこそ、誰もが直感的に正しいと認めているのです。

ところで、私たちは既に運動の根本法則であるニュートンの運動法則を学んでいるので、時間に関してさほど無知という訳ではありません。ここで導入した仮説は本当に正しいでしょうか？今までの知識を使ってこの問題にアタックしてみましょう。

時間は巻き戻せる？

早速ですが結論です。どうか驚かないで下さい。ニュートンの運動法則や、後の章で登場する相対性理論や量子力学、場の量子論も、時間の逆行を禁止しません（※２）。

時間を反転させるということは、今まで「t」と書いていた時間パラメータを「$-t$」に置き換えることに相当します。実際、「t」が-10から$+10$まで増えるとき、「$-t$」は$+10$から-10まで減るので、この操作は時間を反転させています。ところが、この操作を施しても運動法則（運動方程式）の形は変わらないのです。ということは、もしある運動が運動法則通りに起きたとしたら、それを時間反転させた運動もまた、同じ運動法則の下で許される運動ということです。

これは単なる理論上の話、という訳ではなくて、現実に起こり得ます。例えば、重力が働いているときのボールの運動を運動方程式に基づいて解析すると、「加速しながら下向きに移動する」という答えと「減速しながら上向きに移動する」という答えを同時に返します。前者は「自由落下」を表し、後者は「投げ上げ」を表しているのですが、これらは運動が始まった時点でのボールの速度の向きが違うだけで、どちらも現実に起こり得ます。

そしてこれらは、互いに「時間反転」の関係にあります。ボールが落下する最中に時間が反転したとしましょう。映像の逆回しをイメージすると良いでしょう。すると、ボールのその時点での速度は上向きに変わり、ボールは減速しながら上昇します。これは「投げ上げ」と全く同じ現象です。時間を反転した現象は現実にも起こるのです。

この事情は物体の個数が増えても同じで、どんなに物体の数が増えようと、どんなに複雑な運動をしていようと、時間をさかのぼるような運動もまた運動法則の予言のひとつです。ということは、容器に広がった気体が1ヵ所に集まる現象も、止まっていたボールが摩擦力によって加速される現象も、年と共に人が若返って子供に戻る現象も、別に運動法則に違反している訳ではありません。ところが、現実を見るとこれは非常におかしい訳です。

物体の運動を支配する基本法則が時間を逆回しにした運動を許しているのに、なぜ現実にはそのような運動が起こらないのか？　これがこの問題の本質です。

可能性はふたつ。運動法則は正しくて、その枠内でこの現象を説明できるか、または、運動法則が間違っているかです。私も含め、多くの科学者は前者を支持しています。つまり、（素朴な直感に反して）時間に本来方向はないのだけど、運動の性質によって不可逆な現象が起こるために実質的に方向があるように見える、という立場です。ここではその心を説明したいと思います。

※2　実は、素粒子の世界には時間を反転させると変化する物理法則があるにはあって、宇宙初期の物質生成過程では重要な不可逆現象を引き起こしたと考えられるのですが、それが現在日常的に目の当たりにしている時間の方向を生み出しているとは思えないので、ここではあまり立ち入らないことにします。ただし、それはそれで面白い法則なので、興味のある方は「CP対称性」や「弱い相互作用」をキーワードにして調べてみると良いでしょう。

「可能性」の数え上げ

この問題を理解する鍵は「場合の数」と「カオス」にあります。論点をクリアにするために、真空容器中に放出された気体を例にとって考えましょう。いきなり気体分子は想像しづらいので、まずは本質を損なわないように状況を単純化します。

今、部屋の床を100×100のマス目に区切り、そのマス目に10個の荷物を置きます。ただし、ひとつのマス目には1個の荷物しか置けないとしましょう。床が容器、荷物が気体分子の代わりです。荷物の種類は区別しないことにすると、置き方は全部で何通りあるでしょう?

一見、高校の数学に出てきそうな問題ですが、ざっくり言って、3の後に0が33個並ぶ程の巨大な数になります。これが「荷物を部屋に置く全ての場合の数」です。一方、その荷物を部屋の中央にある特定の10マスの中に置くような場合の数はもちろん1通りです。

もし、この部屋の中に適当に荷物を置いたとして、それらが偶然特定の10マスに固まっている確率は、全パターンの中の1通りの置き方が実現されるような確率なので、34桁という巨大な数分の1となります。これはほとんど実現しないと言って良いでしょう。

さて、このマス目と荷物を使ってこんなゲームをしてみましょう。まず、10個の荷物を中央の特定のマス目に置きます。そして、全ての荷物について前後左右をランダムに決めて、荷物をその方向に１マス動かすのです。ただし、移動先が壁のときは跳ね返って反対側に移動するものとし、移動先に荷物があるときはその場に留まることにします（このあたりの細かいルールは結果に影響しないので適当に決めて構いません）。このプロセスを何度も繰り返すとどうなるでしょう？

簡単に想像できるように、10個の荷物はすぐにバラバラになり、ひとたびバラバラになった荷物が再び１ヵ所に集まることはまずありません。仮に起こったとしても、気が遠くなるほどのステップを繰り返したあげくに１回起これば奇跡、というレベルです。

ポイントは、荷物の移動がランダムであること、そして固まっている状態を実現する場合の数に比べて、バラバラな状態を作る場合の数が桁違いに多いことです。

１回のステップで前後左右のどちらに動くかはランダムに決まるので、「荷物が固まって置かれていた」という初期情報は、ステップが進むごとに少しずつ失われていきます。これは、画像に何度も薄いモザイクを入れると最後にはノイズになってしまうのと同じことです。

結果として、長時間経過した後の荷物の状態は、部屋の中に適当に荷物を配置したときと区別が付かなくなります。このときにどんな状態が実現されるかは単純に確率の問題です。先程も計算したように、荷物はほとんど１００％の確率で部屋中にバラバラに散らばり、１ヵ所に固まることはほとんどあり得ません。1ヵ所に固まっていた荷物がバラバラに散らばり、元には戻らない。現実世界に見られるような不可逆現象が起こった訳です。

大切なので強調しますが、この不可逆性を導くために、荷物の動きがランダムであることが本質です。もし、荷物が互いに干渉せず、単純に最初に動いた方向に動き続けて、壁に跳ね返って戻ってくるような規則正しい動きをすると、10個の荷物は一定時間後に概ね同じ場所に戻り、それを周期的に繰り返します。ランダム性をなくすと、不可逆性がなくなってしまうのです。

何かが足りない

さて、このゲームの理屈はそのまま気体分子の運動に当てはまるでしょうか？　室温で1気圧の気体は、1リットルあたり1兆の100億倍という膨大な数の分子で構成されています。加えて、今回は分子の速度も考慮に入れなければいけないので、分子を部屋の中に配置する場合の数は、たった10個の荷物しか考えていない先程の比ではありません。「分子を部屋の中に適当に配置したときに1ヵ所に固まる確率」も絶望的なまでに小さくなります。

場合の数に関しては、先程のゲームと同様、「バラバラになる場合の数が圧倒的に多い」と言えます。

では、気体分子の運動はランダムでしょうか？　これはとても微妙です。先程のゲームでは、最初の配置が決まっていても荷物の動きにランダム性があったので荷物の位置が予測不可能になったのですが、気体分子は運動法則に従うので、最初の状態が完全に決まっていればその後の運動は完全に決まります。これはランダムと言えるのでしょうか？　もしランダムでないのなら、規則正しく動く荷物のように、気体分子が周期的に元に戻ってしまうようなことはないと言えるでしょうか？

混沌であるが故に

ここで重要になるのが「カオス」という性質です。この現象が初めて認識されたのは、1961年、気象学者のエドワード・ローレンツが天気の変化を単純化した模型（微分方程式）を調べていたときのことです。ローレンツは、ある時刻の気象条件をほんの少し変えただけで、その後の天気の移り変わりが大きく変わり、本質的に予測不可能になることがあることに気が付きました。しかも、そのときの天気の変化は周期性を全く持たず、ランダムな変化と区別が付かなくなるのです。

「北京で蝶が羽ばたくとニューヨークで嵐が起こる」と例えられたこの現象は、その後の研究で非常にありふれたものであることが分かりました。一般に、多数の物体が絡んでいたり、相互作用に非線形性と呼ばれる性質があったりするとカオスの特徴が現れます。例えば、空気中の落ち葉の落ち方はカオス的で予測不可能です。3つ以上の天体が重力で引き合っているときに起こる複雑な運動も、カオス的であることが分かっています。

強調しますが、ローレンツの模型も、落ち葉や天体の例も、最初の条件が決まれば後の時間変化は法則によって完全に決まります。それにもかかわらず、その運動はランダムな運動と区別が付かないほど複雑で、しかも、初期条件をわずかに変えるだけで運動の様子を大きく変えてしまうのです。この性質を「初期値鋭敏性」と呼びます。

このように、運動法則自体は決定論的でも、多数の物体が複雑に絡み合うと、物体の集まりがカオス的な性質を持ち、実際に起こる現象は擬似的にランダムで予測不可能になってしまうのです。

時間は可能性の方向に

気体の例に戻りましょう。実際の気体分子の運動は運動法則に従っているので、最初の状態が決まっていればその後の運動は完全に決まります。しかし、気体分子は互いに衝突し合うことによって常に位置や速度を変えています。これは、カオスが生じる典型的な状況です。結果として、気体分子の運動自体は運動法則によって完全に決定されているにもかかわらず、実質的にランダムな運動と区別が付かなくなります。

となると、先程のゲームと同じことが起こります。すなわち、気体分子はほぼ１００％の確率で最も場合の数が多い「容器全体に広がる」方向に変化し、その逆は起こりません。運動がカオス的であれば、たとえ運動法則が逆回し可能でも不可逆現象を説明できるのです。

ここでは気体分子を例に挙げましたが、私たちの世界は多数の分子や原子でできているので、カオスは大変ありふれた性質です。地面を転がるボールは地面を構成する多数の分子・原子とぶつかっています。運動エネルギーがボールに集中するよりも、地面を構成する分子・原子にエネルギーを分散する方が圧倒的に場合の数が多いので、状況はその方向に一方的に進み、最終的にボールは地面に対して静止します。ひとたび散らばったエネルギーが再びボールに集まってくるようなことは確率的に起こりません。

生物を構成する多数の高分子は、整然と正しく機能するような場合の数よりもバラバラになるような場合の数の方が圧倒的に多いので、放っておけば状況はその方向に一方的に進行して、生命活動が維持できなくなります。生物はこの変化を一生懸命元に戻すことで生きていますが、最後にはそれに勝てずに死を迎える訳です。

いずれの場合も、たとえ背後にある運動法則が決定論的でも、「整った状態」から「バラバラな状態」への変化が起こると二度と元には戻りません。ここでは詳しい定義にまでは立ち入りませんが、このバラバラ度合いを数値化したものが「エントロピー」です。私たちがいつも見ている「時間の方向」は、「エントロピーが増える方向」に他なりません。

このように、「時間の方向」はむしろ運動の性質で、その背後にある（と思われる）時間そのものに由来を求めなくても説明できます。私たちが普段目にしている、反転できない時間とは、多数の物体が複雑に絡み合い、可能性が多い方向へ一方向に進んでいくプロセスそのものなのです。

まだ分かっていないこと

本来ならこの話題はここで終わっても構わないのですが、時間の矢の問題に興味を持たれた方に向けて少しだけ（若干投げっ放しの）コメントを残しておくことにしましょう。ここと次の内容は後で登場する話を先取りしていることに加えて、まだよく分かっていない問題について予想込みで述べましたので、分からなくても気にしないで下さい。

ここまで書いておいてなんなのですが、正直なところ、「時間がなぜ方向を持つのか？」という問題はまだ完全に理解し切れてはいないように思います。

先程、気体分子の運動がカオス的で、実質的にランダムになるために変化の方向が決まってしまう、と述べました。それはそれで間違っていないのですが、それでもなお、もしも気体分子がニュートンの運動法則に従うなら、どんなに複雑に運動しようとも「最初は容器の隅に固まっていた」という情報は必ず残ります。果たしてこれは本当の意味で「バラバラになっている」と言えるのでしょうか？

ひとつの希望は量子力学です。気体分子は小さいので、本来ならニュートンの運動法則ではなくて、ミクロ世界を記述する自然法則である量子力学を適用するべきです。

量子の特徴のひとつに「存在密度が広がりを持つ」というものがあります（第7章参照）。結果、気体分子の最初の状態は原理的に決められなくなります（「不確定性」と呼ばれます）。すると、カオス特有の初期値鋭敏性のために、ある程度の時間が経過した後の気体分子の分布は本当の意味でランダムになり、不可逆性が実現しているように思われます。

しかし、時間の方向を説明するために本当に量子力学が必須でしょうか？　例えば、宇宙空間に大きな容器を浮かべて大量のビリヤードの球を放り込めば、気体分子と同じ振る舞いを示すはずです。この場合、ビリヤードの球の運動を支配しているのは間違いなくニュートン力学のはずで、球が一方的に乱雑になっていくプロセスを説明するために量子力学を持ち出すのは流石（さすが）に筋が違うように思います。

誰もが納得できる、運動法則と矛盾しない原理を前提に、ニュートンの運動法則に支配されたどんな力学系にでも適用できて、時間と共に一方的に増えていくような万能な「エントロピー」は、私の知る限りまだ構成されていません。果たしてそんな都合の良い量は存在するのでしょうか？　それとも、量子力学が本質的な意味で重要なのでしょうか？　今後の発展が楽しみな分野です。

私たちが感じる「時間」の本質は？

もうひとつ触れておきたいのは、私たちが日頃感覚として捉えている時間との関係についてです。「はじめに」でもコメントしましたが、私たちは五感で世界に触れるときにも、考えているときにも時間を感じます。このような「感性が捉える時間」の方向が、これまで考えてきた「運動と共にある時間」の方向と一致するのはどうしてでしょう？

このことを本格的に議論しようと思うと、生理学や心理学にも言及しなければいけなくなるので私には荷が重いのですが、最低限言えるのは、これが記憶とその参照にまつわる話であろうということです。そして、その前提の下で、人が感じる時間とエントロピーが増える方向に進む時間が同じになる理由が必ずあるはずです。

　本質を抜き出すために、脳の機能を単純化して、記憶を蓄える「メモリ」と判断をおこなう「演算装置」だけを考えましょう。メモリは、外部からやってくる信号と相互作用して情報を蓄えます。これが記憶です。そして演算装置はメモリにアクセスして、蓄えられている情報に基づいて何かしらの演算をおこないます。これが判断に相当します。

　もうひとつ、私たちは、風景や音の記憶と同時に、「こういうことを見た・考えた」という記憶を持っています。これは判断の記憶へのフィードバックです。単純化するなら、演算装置はメモリの参照だけでなく、演算した結果をメモリに蓄える働きを備えているということです。

　こういう働きが自律的に起こるような仕組みがあったとすると、メモリには外部から得られた信号と、判断の結果が積み重なった形の情報が一方的に蓄積します。

　例えば目から入ってきた木の映像が、意味を伴わない形としてメモリに蓄えられたとしましょう。この段階で、メモリの情報量が増加します。その情報にアクセスした演算装置は、その形と、「木」という名前付きで記憶されている別の情報の両方を参照して、意味のなかったその形が「木」という名前であると判定し、メモリにフィードバックします。これによって、メモリの中の形には「木」という名前がリンクされ、さらに情報量が増えます。

　このように、記録と判断の双方がメモリの情報量を増加させます。この状態のメモリを参照した演算装置は、「判断をおこなうことで情報が増加した記録のある情報」という、入れ子構造になった情報を入手することになります。

あくまで私の考えですが、私たちは、この入れ子構造を時間の方向と感じているのではないでしょうか？　より単純な言い方をするなら、メモリに蓄えられた情報量の一方的な増加を時間経過と判定しているのではないでしょうか？

情報が蓄えられるということは、整然とした構造が生まれるということなので、メモリのエントロピーは減少します。ところが、世界のエントロピーは一方的に増え続けますから、メモリ単体でエントロピーが減少したとしても、メモリを含む自然界全体のエントロピーは確実に増えますし、何より、メモリの情報量を増やす操作そのものが外部のエントロピーを増やします。ということは、メモリの情報量が増える方向を時間と捉える限り、それは自然界の時間方向と必ず一致するということです。人が感じる時間と物理的な時間が一致するのはこのためではないか、というのが私の予想です。

もちろんこれは単純化した模型で考えたことなので、別の要素が加われば違った議論も展開できると思います。特に、人間の記憶には「忘れる」という機能がありますから、その要素を加えれば別の議論もあり得るでしょう。ですが、もしこの模型が部分的にでも正しいとしたら、例えば記憶と判断の間の関係が薄くなるような病気を持つ人の時間感覚は、大多数の人の時間感覚と随分違っているだろうと予想できます。心理学や生理学を専門とする方と議論すれば面白い結論が得られるのかも知れません。こういう方向性も、将来的に面白い可能性を含んでいるのだろうと思います。

第4章

光が導く新しい時間観の夜明け

特殊相対性理論

これまでのお話で、私たちが直感的に思い描いている時間の姿が、今から330年も前に誕生したニュートンの運動法則によって裏打ちされていることが分かっていただけたと思います。

もちろんこれは話のはじまりに過ぎません。観測技術が発達し、人間の五感では直接捉え切れないような物理現象が見えるようになるにつれて、ニュートンの運動法則では説明し切れない自然現象が観測されるようになりました。そうした矛盾がいよいよ無視できなくなったのが、19世紀後半から20世紀初頭にかけてです。相対性理論や量子力学に代表される現代的な理論体系は、そうした新しい観測結果を説明するために生まれました。

その枠組みから見ると、ニュートンの運動法則は、ある程度大きなサイズを持ち、光に比べて十分にゆっくりと動くような物体だけに適用できる近似的な法則でしかないことが分かります。同じ意味で、私たちが直感的に思い描く「宇宙全体に一様に流れる何か」という時間の姿は、もっと大きく豊かな構造の近似に過ぎないのです。

これからの章では、20世紀以降に登場した自然法則たちから見えてくる、新しい時間の姿に視点を移していきたいと思います。

最初に登場するのは、アインシュタインの特殊相対性理論です。これは、長年人類を縛ってきた時間観を打ち壊す最初の一撃になりました。なにしろ、動くと時間の流れがゆっくりになるという衝撃的な事実を暴いてしまったのですから、その影響は強烈です。

とはいえ、この大転換は決して偶然ではありません。「光」に関する知識を地道に積み上げたことで生じた、産みの苦しみとも言うべき避けられないジレンマを乗り越えるための必然です。

このジレンマを克服し、光の真の姿を理解した瞬間こそが、人類が新しい時間観に到達した瞬間でもあるのです。そこでまずは、この必然的なジレンマを理解するためにも、人類が積み上げてきた光に関する知識を共有するところからはじめることにしましょう。

光は速いというけれど

雷鳴が稲光よりも遅れてやってくることからも分かるように、光の最大の特徴は非常に速いことです。あまりに速いので、17世紀半ばまでは光はどんな遠距離にも一瞬で届くという考えが主流だったほどなのですが、実際にはどのくらい速いのでしょう?

人類が光速の測定に初めて成功したのは意外に古くて、１６７６年のことです。デンマークの天文学者オーレ・レーマーは、木星の衛星のひとつ、イオに注目していました。イオは木星の周りを回っていて、地球から見ると概ね42時間周期で木星の裏側に隠れる（「食」と言います）のですが、詳しく調べてみると、その周期が（地球の）季節によってわずかに変動するという不自然な挙動をすることが分かります。レーマーは、この現象が光の速さが有限であることの証拠に

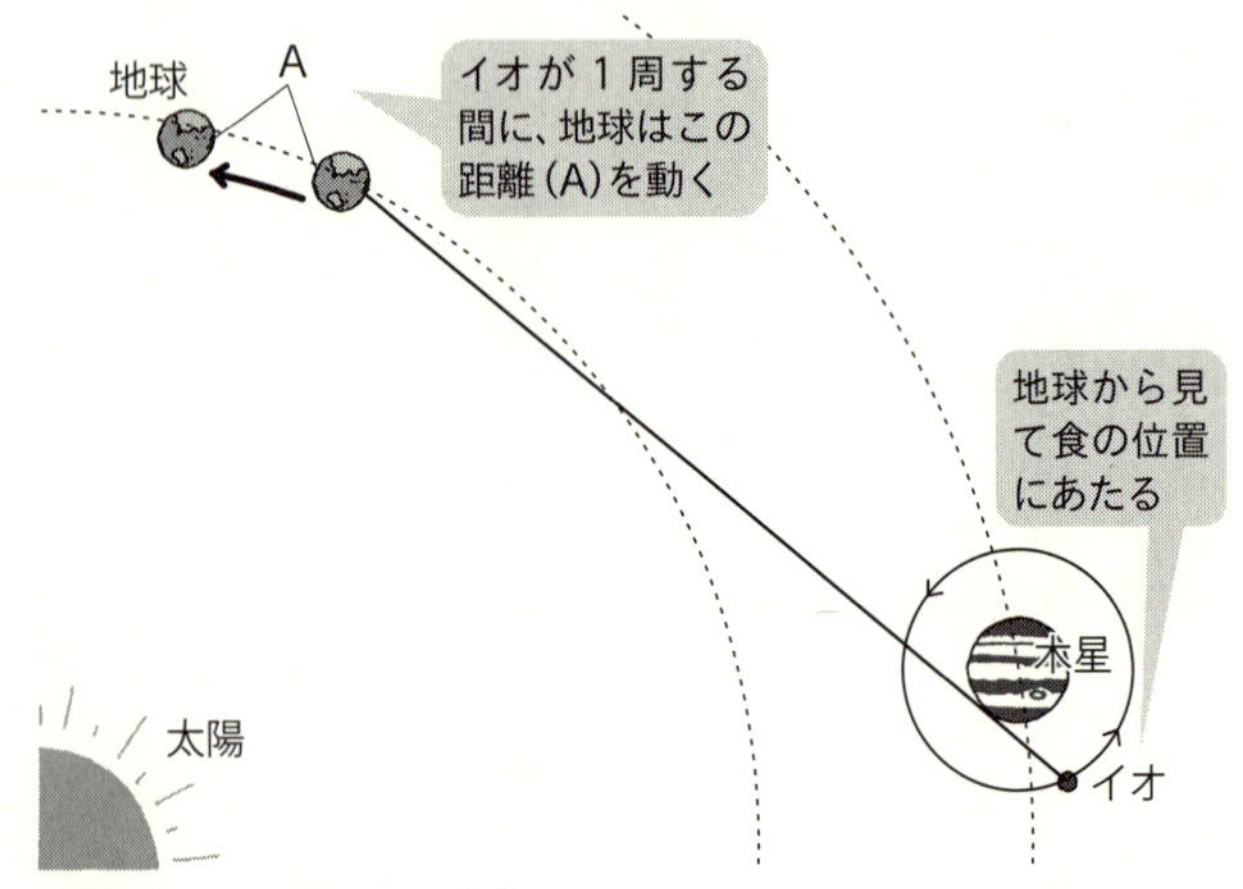

図4-1　レーマーのアイディア

食の瞬間にイオを出た光は、前回の食のときと比べて距離（A）だけ長い距離を旅する必要がある。その分、地球から見た食の周期が遅れる。木星の公転は地球に比べて遅いので、木星は止まっていると考えて構わない。

なっていることに気付いたのです。

ポイントは、地球が太陽の周りを回るために、地球は木星から遠ざかったり近付いたりしているということです。

図４－１を見て下さい。光の速さが有限だとすると、地球が木星から遠ざかっているとき、イオが1周して次の食が起こるまでの間にも地球が遠ざかるので、その分だけ光の到着が遅れ、地球から見た食の周期が延びます。地球が木星に近付くときは、その逆です。

結果として、イオ自体は木星の周りを一定の周期で回っていても、周期が季節によって変動するように見えるという訳です（高校物理の知識があるなら、ドップラー効果と同じと言えば分かりやすい

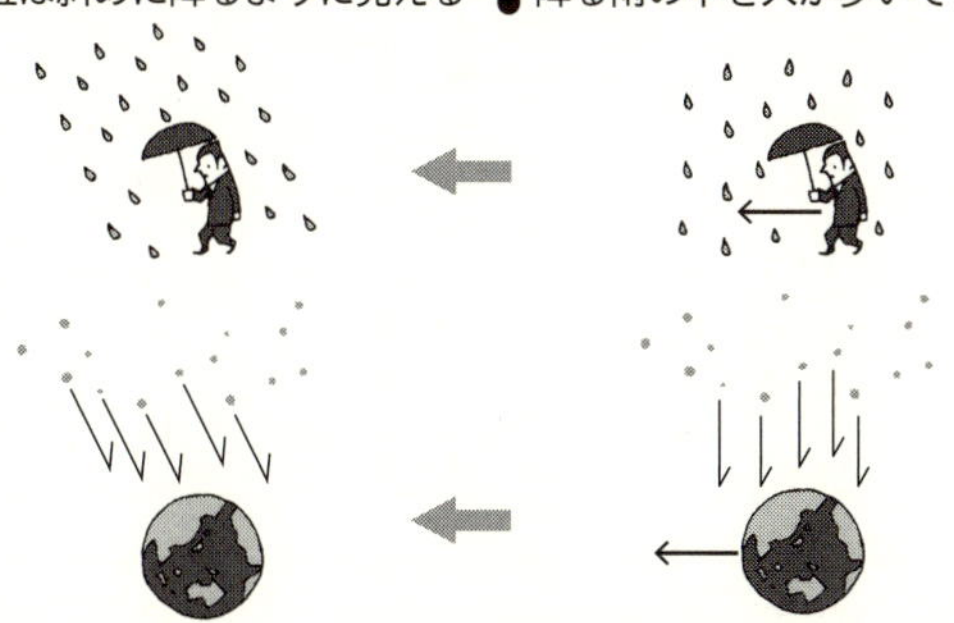

図4-2　「光行差」が起こる仕組み

雨の中を歩く人から見ると雨粒が斜めに降るように見えるように、星の光の中を動く地球から見ると、星の光が斜めに傾くように見えて、星の見た目の位置がずれる。

かも知れません）。

当時の科学者たちは、この仮説に基づいた計算で、光速を秒速22万kmと結論しました。現在知られている光速は、秒速30万km（正確には、秒速29万9792・458km）です。レーマーが求めた値には大きな誤差がありますが、17世紀の知識や技術を考えれば十分な値ですし、何より、光速は有限であることがはっきり分かったという意味でこれは記念碑的な測定です。

光速が有限であることを示す天文現象として忘れてはいけないのは、1728年にジェームズ・ブラッドリーが発見した「光行差」です。これは、星の見かけの位置が季節によってわずかにずれる現象です。

この現象の原理は簡単です。例えば雨が

降る中を歩くとき、傘を進行方向に傾けますよね？　これは、図4－2の上側で描いたように、たとえ雨が真っ直ぐ降っていても、歩く人から見ると斜めに降るように見えるからです。

同じように、真っ直ぐに降り注ぐ星の光の中を地球が横切るように動く（公転する）と、図4－2の下側のように、地球から見たその光は公転の方向にわずかに傾き、結果として星の見かけの位置がずれます。ブラッドリーは実際にこのズレを観察し、秒速30・1万kmという極めて正確な光速を求めることに成功しています（※3）。雨の例で言うと、雨粒の傾き具合は、歩く速さと雨が落ちる速さの関係で決まります。同じように、光行差が分かると、地球が公転する速さから光速が求まる、というカラクリです。

19世紀に入ると、より精密に光速を測定する方法がアルマン・フィゾーによって開発されました。フィゾーの方法はレオン・フーコー、アルバート・マイケルソンといった面々によって改良が加えられ、19世紀半ばには、現在でも通用する秒速30万kmという値が得られています。

蛇足ながら、光速測定の歴史は大変面白いので、興味のある方は是非巻末の参考文献に目を通してみて下さい。一見美しい科学を支える、泥臭い試行錯誤の歴史を垣間見ることができるでしょう。

※3　正確には、ブラッドリーが求めたのは光速そのものではなく、光の速さで測った地球と太

陽の距離です。この値は、現在知られている地球と太陽の距離を使ってブラッドリーの結果を光速に換算したものです。

光は波？　粒子？

光に関してもうひとつの基本的な疑問は、そもそも光の正体はなんだろう、というものです。例えば、全ての物体は原子という粒子の集まりです。一方、音は空気の振動なので波です。他の身近なものを思い浮かべてみても同様で、少なくとも経験上は、私たちの身の周りにあるものは、粒子が集まってできている「物体」か、あるいは、何らかの物体が振動して生じる「波」のどちらかであるように見えます。

では、光は粒子の集まりでしょうか？　それとも、何かの波でしょうか？　はたまた、そのどちらでもない奇妙な何かでしょうか？

実はこれもまた歴史のある論争です。光がものに当たるとクリアな影ができることから、光は物体に当たっても回り込まずに直進するように見えます。ニュートンは、この直進性を根拠に光を粒子の集まりと考えていました。実際、海に突き出た防波堤に波が当たると、波は防波堤の先を回り込みます。もし光が波なら同じ現象が起こり、影はぼやけるはずだ、という訳です。

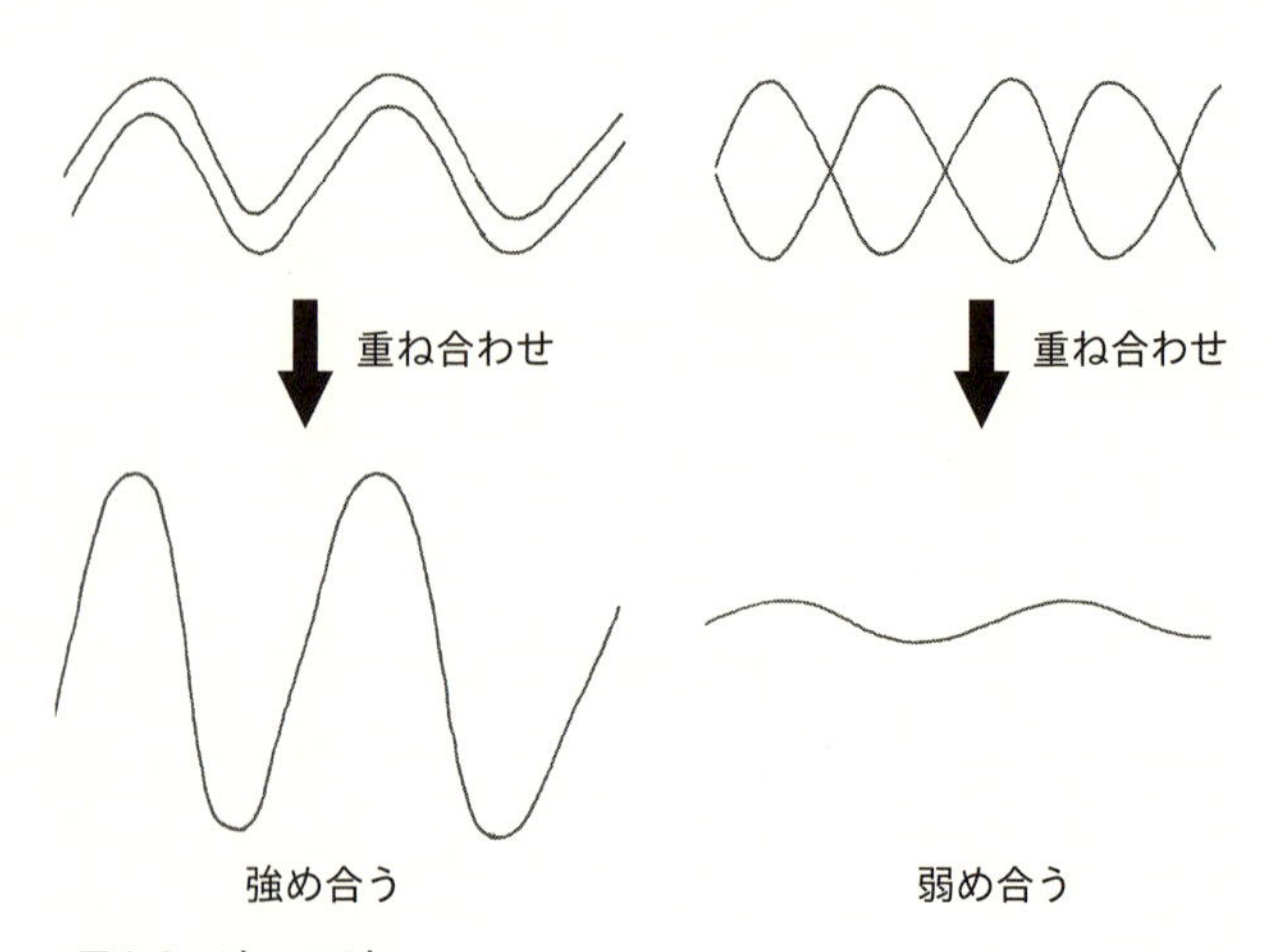

図4-3 **波の干渉**
ふたつの波が左のように重なると強め合い、右のように重なると弱め合う。

その一方で、ホイヘンスやフックといった科学者たちは光を波と考えていました。音波は空気の振動で、海の波は水の振動です。

このことからも想像できるように、光が波であるとしたら、その波を伝える何らかの物質が背後にあって、その物質が揺れている状態こそが光であるということになります。

特に光は真空中でも進むので、光を伝えているのは通常目にしている物質ではあり得ません。宇宙は光を伝える目に見えない物質で満たされていることになります。光を波と考える人たちはその物質を「エーテル」と呼び、重力や電磁気力を説明するためにも必要な物質と考えていたようです。

決定的な証拠がないために論争は長く続くことになりますが、19世紀初頭、トーマス・

ヤングが光の干渉現象を発見したことで（一応の）決着を見ました。干渉というのは、図4－3のようにふたつの波の重なり方の違いで互いに強め合ったり弱め合ったりする現象です。

これは決定的です。事実、干渉は波にしか起こらないので、これを単純な粒子の集まりで説明するのは大変無理があります。光は波だったのです。ちなみに、ニュートンが注目した光の直進性も、光の波長が想像よりも遥かに短く、回り込みの程度が小さいことから説明できます。

光の正体

さらに、光の波動説は、思わぬ所から補強されました。それは電気と磁気です。ご存じの通り、静電気や磁石には離れていても力が働くという不思議な性質があります。これを説明するためにマイケル・ファラデーによって導入されたのが、

空間には静電気力と磁力を媒介する「電場」や「磁場」が満ちているに違いない

というアイディアです。この考え方は、ジェームズ・マクスウェルによって推し進められて、19世紀後半、今で言う電磁気学の基礎理論として結実しました。いわゆるマクスウェルの理論で

す。詳しいことは後の章で改めてお話ししますが、ここで重要なのは、この理論からごく自然に導かれる、

電場と磁場は波を作って伝搬する

という予言です。マクスウェルの理論からその波（電磁波）の速さを計算すると、驚くべきことに、その値は光速と完全に一致するのです！　電磁気学は、元々光の理論ではありません。むしろ、静電気や磁石の力を説明しようとして生まれたものです。そこからまさか光速で伝わる波が予言されようとは、一体誰が想像したでしょう。

そして、1888年には、マクスウェルの予言通りに電磁波が発生することが実験で確認されました。こうなると、もはや確定的です。光は静電気力や磁力を媒介する電場と磁場の波だった、という訳です。なお、「電場と磁場」というのは少し冗長なので、今後は電場と磁場をまとめて「電磁場」と呼ぶことにしましょう。

余談ですが、電磁波は波なのでその波長は様々です。目に見える光の波長は380ナノメートルから770ナノメートルですが（ナノは10億分の1）、それ以外の波長の電磁波ももちろん存在しています。それらは目に見えませんが、その波長に応じて電波、マイクロ波、赤外線、紫外

線、X線、ガンマ線などの名前が付いています。これらは全て光の仲間です。

マイケルソンとモーレーの憂鬱

さて、光が波であることがはっきりしたとなると、いよいよ「エーテル」を大真面目に考えなければいけません。この世には静電気力や磁力という離れた所に伝わる力があり、それを説明するためには電磁場が必要で、さらにその波が光とくれば、電磁場こそがエーテルの別名です。

遠くの星の光が地球に届くことを考えると、エーテルは宇宙全体を埋め尽くしているはずです。また、身の周りから得られる経験を尊重するなら、波を伝えるのはいつだって何らかの物質なので、エーテルも物質と考えるのが最も自然な発想でしょう。

ところがその一方で、エーテル中を動いているはずの地球の公転速度に変化がないところをみると、エーテルが地球とぶつかってその運動に影響を与えるという訳ではないようです。ということは、エーテルは他の物体の運動には影響を与えないという不思議な性質を備えていることになります。観測というのは何かしらの物体を使うのが普通なので、物体との相互作用がないとなると、エーテルの直接観測は難しくなります。どうしたらその存在を確認できるでしょう?

ここで思い出してほしいのが相対性原理です。それによると、速度はあくまで相対的な概念なのでした。海の波を船で追いかけると遅く見えるように、エーテルに対して動いている状態から見れば、エーテルの波である光はその速さを変えるはずです。ということは、動いている物体から見た光速の変化を捉えられれば、間接的とはいえ、エーテルの存在を証明できたことになります。

そこで注目されたのが、地球の公転です。ブラッドリーが光行差（星からの光が、地球の公転方向に傾く現象）を観測できたことから、地球は間違いなくエーテルを横切って動いているはずです。なぜなら、光はエーテル中を真っ直ぐに進んでくるので、もしも地球がエーテルに対して止まっていたら、光は常に地球に対して真っ直ぐに降り注ぎ、光行差が見えるはずがないからです。

そして、光速には及ばないものの、地球は太陽の周りを、太陽に対して秒速約30㎞（光速の1万分の1）という高速で動いています。であれば、空気中を走ると顔に風を感じるのと同じ理屈で、地球には公転の方向に秒速30㎞の「エーテルの風」が吹いていて、その影響は光が進む方向による光速の差という形で測定にかかるはずです。これは、川で泳ぐときに、川の流れを横切るよりも、川の流れに逆らって泳ぐ方が遅くなるのと全く同じ原理です。

1887年、前出のマイケルソンとエドワード・モーレーは、この光速の差を測定するのに十分な精度を持った装置を開発して実験に臨みました。

ところが、結果は完全に予想を裏切りました。どんなに観測精度を上げても、エーテルの風による光速の差が検出されなかったのです。

これは非常に困った事態です。光が波である以上、エーテルの存在は疑いようがありません。そして地上でエーテルの風が吹かないということは、地球の周りでエーテルが静止していることを意味しています。しかし、もしエーテルが地球の周りで静止していたら光行差が観測されるはずがありません。これは、既に確立しているブラッドリーの結果と完全に矛盾してしまいます。

世紀末のジレンマ

これこそが、19世紀末から20世紀初頭にかけての科学者を悩ませたジレンマです。光が波であるという観測事実を説明するためにエーテルが必要だが、エーテルを仮定すると別の観測事実と矛盾してしまう。この避けようのないジレンマに当時の科学者がどれほど混乱したか、容易に想像できます。ですが、この袋小路こそが機が熟していた証拠。時は革命前夜だったのです。

皆さんなら、このジレンマをどうやって打破するでしょう？　この後にアインシュタインのアイディアを書きますから、その前に自分のアイディアを持ちたい人はここで一旦本を閉じて思索にふけるのも良いでしょう。

アインシュタインの一点突破

１９０５年、シンプルなアイディアでこのジレンマを打破し、有名な「特殊相対性理論」を生み出したのが、かのアルバート・アインシュタインです。彼の方針はいたって単純で、光の理論、すなわち、マクスウェルの理論に対しても相対性原理は等しく成り立っていると考えることです。私たちもこのアイディアをベースに考えてみましょう。

この主張をかみ砕いて言うなら、マクスウェルの理論はどんな速さで等速直線運動をする人から見ても成り立つ、ということです。この理論は光速が秒速30万kmという定数であることを予言しますから、次の結論が得られます。

光速は等速直線運動をする全ての人にとって共通である

これは今では、「光速度不変の原理」と呼ばれます。

これを認めてしまえば、先程のジレンマはいとも簡単に解消されます。実際、相対性原理が光に対しても成り立つなら、地球が光を横切るように動いていれば、地球から見た光は横方向にも速度の成分を持って斜めに進むため、地球が公転している以上は光行差が観測されるのは当然です。そして、光速度不変の原理が成り立つなら、地球の公転は光速に影響しないので、マイケルソン－モーレーの実験で異なる方向に進む光の速さに差が見えなかったのも当然となります。

また、もしエーテルがその位置を特定できる、通常目にするような物質だとしたら、エーテルの静止系は光にとって特別な慣性系になってしまいます。相対性原理を仮定するならどんな慣性系も対等なのですから、「エーテルの静止系」などという光にとって特別な慣性系は原理的に観測できません。

ということは、空間に絶対的な位置の概念がないのと全く同じように、電磁場（エーテル）にも絶対的な静止状態を考える意味がなくなります。これは、電磁場は物質ではなく、むしろ、空間の一部のような存在であると考えた方が適切であることを物語っています。

これによって、「物体の運動に一切干渉しない」というエーテルの不思議な性質にも説明がつきます。相対性原理と光速度不変の原理を前提にすれば、これまでの観測結果の全てに合理的な説明がついてしまうのです。

ですが、これはそう易々（やすやす）と認められるような仮説ではありません。即座にこんな反論が飛んでくるはずです。

葛藤と決断

速度は見る人によって変わるというのは経験的な常識だし、何よりニュートンの運動法則の大前提ではないか。
光速が誰にとっても同じ値であるというのは、正しいことが分かっているニュートンの運動法則に矛盾しているのだから、間違っている！

ごもっともです。以前、地面に対して時速１００㎞で走っている車と時速３００㎞で走る新幹線の例を挙げたとき、車から見た新幹線の相対速度は時速２００㎞であると言いました。この「相対速度は単純な足し算・引き算で計算される」というルールは、大昔から正しく機能している常識ですし、だからこそ、ニュートンの運動法則に大前提として採用されています。秒速30万㎞で走る光を秒速10万㎞で飛ぶ宇宙船から見たら、同じように秒速20万㎞に見える、と考えるのが常識です。

一方、マクスウェルの理論は電磁場（エーテル）の理論で、その電磁場が作る波の速さは一定と予言するので、もしこれが誰から見ても成り立つ物理法則だとすると、ニュートンの運動法則の大前提に反してしまいます。つまり、光速度不変の原理を認めるということは、遥か昔から、人類が直感的に正しいと信じ続け、加えて、ガリレオやニュートンによって見出された法則たちに裏打ちされて「真理」として確立していた原理を変更しなさい、と言っているに等しい訳です。そんなことが許されるでしょうか？

実は、マクスウェルの理論とニュートンの運動法則の矛盾は早くから指摘されていました。ニュートンの運動法則はあらゆる物理現象を説明してきた経歴を持つ老舗の理論です。一方、マクスウェルの理論は当時登場したばかりのぽっと出の理論。修正するならマクスウェルの理論であろうと考えられたのは当然でしょう。ですが、そうした試みは全てうまくいかないか、観測結果に矛盾してしまったのです。

ここで名探偵シャーロック・ホームズの言葉をひとつ紹介しましょう。

不可能なものを除外してしまえば、
たとえどんなに信じられなくても、残ったものが真実であるけだし名言です。観測結果を説明するために相対性原理と光速度不変の原理が必要で、ニュートンの運動法則にこだわった試みは全て失敗している。この状況を正確に認識し、むしろニュートンの運動法則を修正するべし、という決断を下し、それをいち早く成し遂げたのがアインシュタインだったのです。

実際アインシュタインは、相対性原理の要請を満たしながら、しかも光速を不変に保つように相対位置や相対速度を計算する方法を導きました（「ローレンツ変換」と呼ばれています）。この新しいルールをベースにして、光速度不変の原理と矛盾しないようにニュートンの運動法則を再構築したものが「特殊相対性理論」です。こうしてアインシュタインは、物体の運動と電磁場の運動を扱う法則の両方を、相対性原理と光速度不変の原理という共通の原理の下に再構成して見せたのです。

絶対時間から相対時間へ

さて、新しい原理を持ち込んで理論を構成するのはもちろん自由ですが、それが正しいかどうかは別の問題です。アインシュタインが導入した原理は本当に正しいでしょうか？

こういう場面で登場するのが実験の精神です。新しい原理が導入されたことで予言される現象が、現実に起きるかどうかが判定材料になります。そこでまず、光速度不変の原理を仮定するとどんなことが起きるかを考えてみましょう。

この章のはじめに述べたように、光速度不変の原理はこの本の主題でもある「時間」の概念に直接影響します。光速度不変の原理が正しいとすると、ニュートンの運動法則の代名詞である絶対時間が否定されてしまうのです。

思い出して欲しいのが、時間とは時計で測定するもので、時計とは同じ運動を繰り返すものであるという大原則です。そこでここでは、図４－４のような「光時計」と呼ばれる（仮想的な）装置を考えることにしましょう。

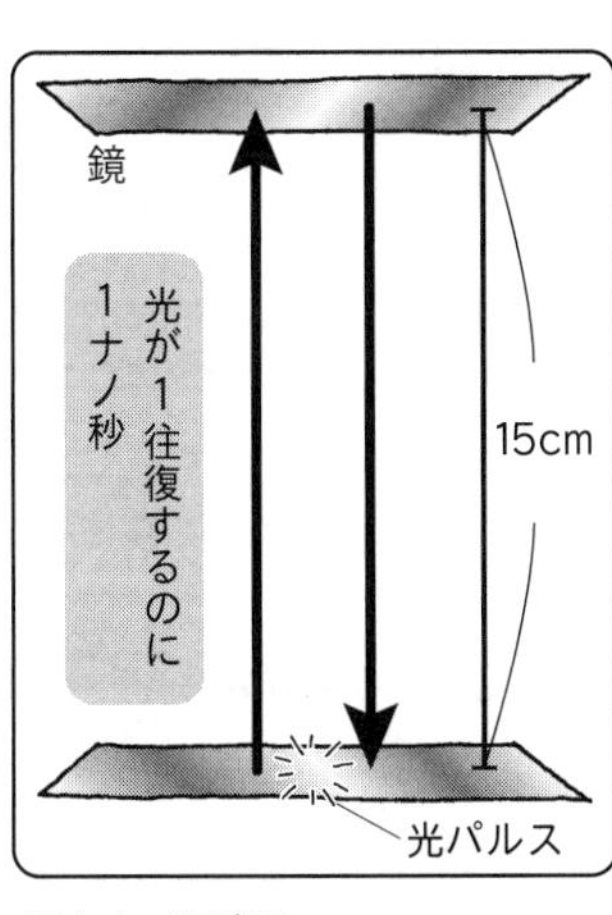

図4-4　光時計

仕組みは単純で、２枚の鏡を向かい合わせに置き、その間を光が往復するだけです。ここでは鏡の間隔を15㎝としましょう。光速が秒速30万㎞なので、光は１ナノ秒（10億分の１秒）で１往復します。例えば下の鏡にカウンターを取り付けて、光が下の鏡に当たる回数を数えればこれは立派に

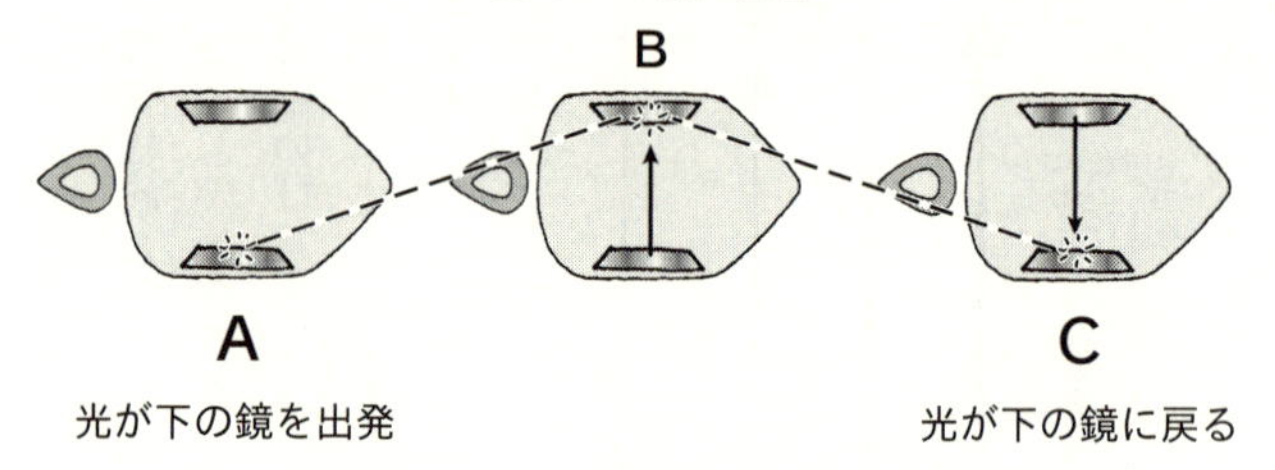

図4-5　地球から見た光時計の１往復
AとBの距離は、止まった光時計の鏡の間の距離よりも長くなる。

時計の役割を果たします。

ここで、光時計を搭載した宇宙船を考えましょう。光時計の中を光が1往復すると宇宙船の中では1ナノ秒が経過します。くどいようですが、時間が運動とリンクしている以上、光の往復回数が宇宙船の中の時間そのものであることをよく覚えておいて下さい。

この1往復を地球から見た様子が図4－5です。宇宙船は地球に対して動いているので、光が下の鏡から上の鏡に向かって動いている間も鏡は横向きに進みます。その光が上の鏡に当たるということは、地上から見た光は斜めに進んでいるということです。結果として、光が下の鏡を出発した地点（図4－5の点A）と上の鏡に到着した地点（図4－5の点B）の距離は15cmよりも長くなります。

ここで光速度不変の原理を課します。すると、宇宙船の中から見ても地球から見ても、光時計の中を飛ぶ光の速さは秒速30万kmです。地上から見た光の1往復には30cm以上の距離があるので、地上から見るとこの光の1往復には1ナノ秒以上の時間がかかることになります。

奇妙なことが起こっていますね。先程強調したように、この光の1往復は宇宙船の中での1ナノ秒です。ところが、その間に地上では1ナノ秒以上の時間が流れているというのです。逆に言えば、地上で1ナノ秒が経過したとき、宇宙船の中ではまだ1ナノ秒経過していないということです。実際、宇宙船のスピードを光速の半分（秒速15万km）とすると、地上での1ナノ秒は宇宙船の中の約0・87ナノ秒と計算できます（三平方の定理だけで計算できますから、余裕のある方は図4-5を使って実際に確かめてみると面白いでしょう）。宇宙船の中の時の流れが、地上の時の流れよりも遅くなっているではありませんか！

皆さん、これ、納得できるでしょうか？　こうは思いませんか？

いや、それはおかしい。宇宙船の中では時計が遅れるというだけで、実際に流れている時間は同じはずだ！

無理もないと思います。私も初めて相対性理論に触れたときには同じように感じました。ですが、これは単純に私たちの日常の感覚が「絶対時間」に捕らわれているせいです。そして、度々「時間は時計で測るもの」と強調してきたのは、まさにこのときのためです。

宇宙船の中にいる自分を想像してみて下さい。目の前には光時計があり、そのフレームはあなたから見れば静止していて、縦の長さは15㎝です。であれば、光時計の中の光の1往復は文句なしに1ナノ秒です。これが、「光時計の中を光が1往復すると宇宙船の中では1ナノ秒が経過する」と繰り返してきた意味です。そして、これは地上にいる人にとっても同じです。地上にいる人は地上で、宇宙船の中の人は宇宙船の中で、自分の時計（今の例なら光時計）を使って時間を測っていて、その表示こそがそれぞれの人にとっての時の経過に他なりません。時間が常に周期運動を介して測定されるものである以上、その結果がずれたのなら、両者に流れる時間が違うと判断せざるを得ません。「全ての人に同じ時間が流れる」という認識こそが思い込みなのです。

机上の空論を超えて

このように、光速度不変の原理を仮定するとその直接の帰結として「時間の遅れ」が導かれます。では、時間は本当に遅くなるでしょうか？　結論から言えば、現在、この現象には直接的なものから間接的なものまでたくさんの証拠があります。時間の遅れは今や観測事実です。

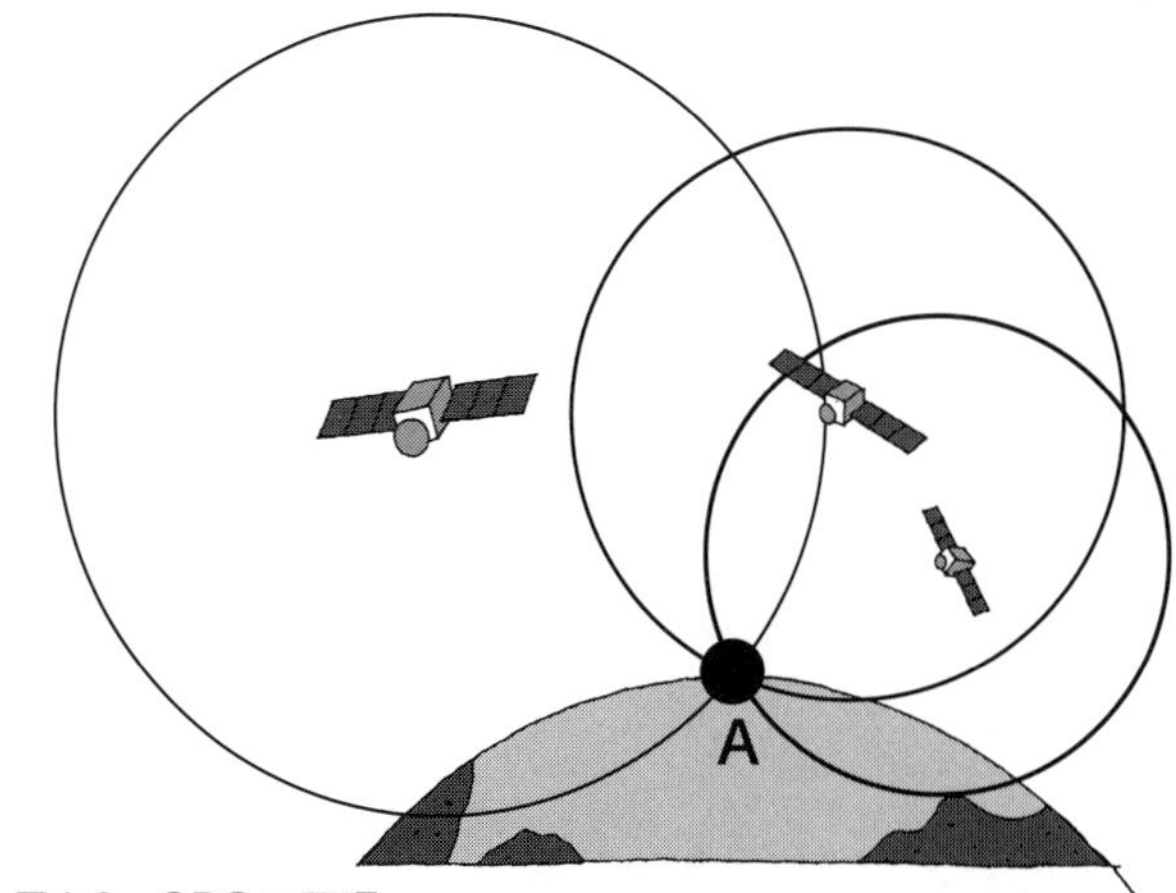

図4-6　**GPSの原理**

3つの球面は2点で交わるため、3つの衛星の位置とそこからの距離が分かれば、地上に近い方を選ぶことで地上の位置Aが特定できる。衛星は自分の位置を把握していて、衛星からの距離は電波が到達するのにかかった時間から計算できる。GPSは、受信機と人工衛星の時計のずれを補正するためにプラス1機の情報を追加して、最低4機の人工衛星からの電波を受信することでAの位置を特定している。

一番身近な証拠は、自分の位置を正確に表示してくれるＧＰＳでしょう。これは、精密な原子時計を搭載した複数の人工衛星からの電波を受信することで位置を特定する技術です。それらの人工衛星は、自身の位置と時刻の情報を電波に乗せて発信し続けています。

先程述べた通り、電波は光なので秒速30万㎞で進むことに注意しましょう。例えばスマホがその電波を受け取ると、スマホ自身に内蔵された時計が示す時刻と電波に含まれる時刻の情報からその人工衛星までの距離が計算できます。

原理的には、３機の人工衛星と

の距離が分かれば地上の場所は特定できますが、スマホの時計は人工衛星に積まれた原子時計ほどの精度がないので、時刻の情報を補正するためにもう１機の情報を加えて、最低４機の人工衛星からのシグナルを受信することで自身の場所を特定するのがＧＰＳの原理です。

この技術は、電波の速さが一定であることと、人工衛星に積まれた原子時計が正確に同期していることを大前提に運用されています。人工衛星は秒速数キロメートルという速さで地球の周りを回っていますが、電波は光と同じく電磁波なので、光速度不変の原理によってその速さは秒速30万kmであることが保証されます。もし電波の速度が人工衛星の速度に影響されたら、ＧＰＳの表示に数百メートルの誤差が出て使い物にならないでしょう。

一方、正確な同期は、人工衛星が高速で動いていることから生じる時間の遅れと、後で説明する重力の影響で生じる時間の進みを考慮に入れて、原子時計の表示に１日当たり数マイクロ秒程度の補正を加えることで実現されています。逆に言えば、もし相対性理論を無視すれば、やはりＧＰＳの表示に数百メートルの誤差が生じます。相対性理論が予言する時間のずれを取り入れて初めてＧＰＳが機能しているということが時間の遅れの正しさを示しています。

紙幅の関係で書き切れませんが、時間の遅れを示す観測結果は他にもたくさんあります。また、動くと長さが縮む、動くと質量が増加する、質量とエネルギーは等価である、などなど、光速度不変の原理に端を発した、同じく書き切れなかった数々の予言も現実に観測されており、むしろ、数々の実験事実を説明するのに相対性理論を使わない方が難しいというのが現状です。光速度不変の原理は、今や十分に確立されていると言って良いでしょう。

「時間方向」という視点

さて、この「動くと時間が遅れる」という現象は、単純に「全宇宙に同じ速さで淡々と流れる」という素朴な時間像を否定するだけではありません。これから説明するように、時間と空間は本来同じものであるという驚きの事実を物語っています。

これを納得するには、時間の経過を「時間方向に移動する」と表現するのが近道です。私たちは通常、空間的に動いていない状態を「静止」と言いますが、止まっているときにも時間だけは経過しているので、時間を方向の一種に例えて、静止状態を「時間方向だけに動いている状態」と表現することもできます。

問題は、時間を本当の意味で空間と同列の「方向」と考えて良いかどうかです。時間の単位は通常「秒」で測るのに対して、空間方向の距離は「メートル」で測ります。「１kgと１mはどちらが長いか?」という質問に意味がないように、私たちは通常、違う単位を持つ概念を直接比較することはできません。ですから、従来の時間観であれば、「時間方向」というのは単なる例えに過ぎません。

ところが、今の私たちには、光速（秒速30万km）という誰から見ても変わらない速さがあります。すると、「1秒という時間は30万kmという距離に換算しなさい」というルールを誰にとっても共通に設定できるようになります。

こうなると話は別です。全ての物体に時計が張り付いていると想像して下さい。今設定したルールに従うなら、その時計の表示が1秒経過すると、それは時間方向に30万km進んだことを意味するので、時計の表示を最初から「メートル」で書き表して良くなります。繰り返しですが、これは光速が誰から見ても同じだからこそ可能になったことです。

となると、時間は、もはや例えではなく、本当の意味で空間と同列の「方向」のひとつとみなせます。特に静止状態では、1秒が経過すると時間方向に30万km移動することから、「静止状態の物体は時間方向に光速で移動する」と言って構わなくなります。象徴的な表現を許してもらえるなら、時間は光速で進む、ということです。

時空と距離

そう考えると、時間方向と空間方向は同列に扱う方が便利です。そこで、空間に時間方向を加えて、４次元の〝時間・空間〟（慣例に倣って「時空」と呼びましょう）を考えます。

光速をいつも秒速30万㎞と書き続けるのは面倒なので、この値をcと書きましょう。時間をtとすると、ctが時間方向の位置です。通常の３次元座標である（x, y, z）と合わせて、時空の座標は（ct, x, y, z）のように４つの数字で表せます。

さて、ここで「物体が（空間方向に）動いている」という状態は、実は時間の経過と本当に同列であるということを理解する準備として、「時空の距離」の概念についてお話しします。ここは少し抽象的に感じるかもしれませんが、ゆっくり行きますので、１歩ずつ付いてきて下さい。

通常の３次元空間なら、原点と（x, y, z）の距離はピタゴラスの定理を使って$\sqrt{x^2+y^2+z^2}$と表されます。今から考えたいのは、４次元時空の原点と（ct, x, y, z）の間の距離です。ところが、この距離を、３次元のときと同じように$\sqrt{(ct)^2+x^2+y^2+z^2}$と測るのはあまり便利ではありません。なぜかというと、光速度不変の原理との相性が悪いからです。

「距離」に相性なんてものがあるのか、と思うかも知れませんが、実は大ありです。

例えば私たちが距離を測るときには定規を使いますね？　定規というのは、要するに基準となる棒きれです。離れた2点の間に基準となる棒きれを置いて、その間に棒きれが何本入るか、というのが、今普通に使っている距離の概念で、これを突き詰めていくとピタゴラスの定理に辿り着きます。

実は、数学的に考えれば「距離」には無限にたくさんの定義の仕方があります。その無限の選択肢の中から、（ほとんど無意識に）私たちがこれを距離の定義に採用したのは、そうやって測った距離が見る人によって変わらないからです。例えば、自分の真正面５ｍの所に建物があるとしましょう。ここで、立ち位置はそのままで、体の向きを約53度回転させると、建物は、正面に３ｍ、横に４ｍの位置に見えるようになります。建物の位置を３次元座標で表すと、最初の見方では（5[m], 0[m], 0 [m]）、回転した後は（3[m], 4[m], 0[m]）です。

このとき、回転の前と後で建物の座標は変わりますが、$\sqrt{x^2+y^2+z^2}$ という値は変わりません。実際、（5[m], 0[m], 0[m]）に当てはめればもちろん $\sqrt{5^2+0^2+0^2}=5$ ですし、（3[m], 4[m], 0[m]）に当てはめても $\sqrt{3^2+4^2+0^2}=5$ です（ピタゴラスの定理でよく登場する、３辺の比が３：４：５の直角三角形ですね）。こうして改めて考えてみると、ピタゴラスの定理を使って測る距離には、「回転しても値が変わらない」という便利な性質があることが分かります。

改めて、時間も合わせた４次元時空を考えましょう。繰り返しですが、「４次元の位置」というのは「時刻」と「場所」を合わせた概念で、その座標は（ct, x, y, z）のように４つの数字で表されます。例えば、先程の建物から高さ20ｍの所に、新年（時刻０秒）を祝う花火が上がったとしましょう。時刻０秒というのは時間方向の位置が０ｍということなので、花火が上がった時刻と場所は、４次元位置（0, 5, 0, 20）で表されます。ただし、表示を見やすくするために、長さはメートルで測ることにして、座標の中の単位を省略しました。これ以降も同じ約束を使います。

これはこれでいいのですが、今考えているのは、光速度不変の原理と相性の良い距離は何か、という問題です。

これに答えるには、やはり光に関連したイベントを考えるのが良いでしょう。ある観測者Aさんから見て、原点からx方向に出た光が３秒後にターゲットに当たったとします。光は速さcで真っ直ぐ進みますから、このターゲットは$x=3c$の位置にあることになります。ということは、この「ターゲットに当たった」というイベントの４次元位置は$(3c, 3c, 0, 0)$です。

一方、同じイベントを、x方向に光速の50％の速さで飛ぶ別の観測者Bさんから見ると、イベントが起こった位置も時刻も変わります。Bさんから見ると、Aさんもターゲットも光速の50％のスピードで動いています。結果、Aさんに流れる時間はゆっくりになり、約87％に減速されるのでした。すると、Bさんから見ると、ターゲットに当たるまでの時間は約３×０・８７秒、すなわち、約２・６秒に見えます。一方、光の速さは一定ですから、Bさんから見たターゲットまでの距離は２・６cです。結果、Bさんから見た「ターゲットに当たった」というイベントの４次元位置は$(2.6c, 2.6c, 0, 0)$となります。

もし、時空の原点と４次元位置(ct, x, y, z)の距離を$\sqrt{(ct)^2+x^2+y^2+z^2}$と測ったとすると、「ターゲットに当たった」というイベントの位置までの距離は、Aさんにとっては

$\sqrt{(3c)^2+(3c)^2+0^2+0^2} \approx 4.2c$、Bさんにとっては$\sqrt{(2.6c)^2+(2.6c)^2+0^2+0^2} \approx 3.7c$となって、違う値になってしまいます。同じイベントを違う立場の人が見ているだけなのに、「距離」が変わってしまうというのは都合が良くありません。AさんにとってもBさんにとっても変わらない距離は一体どうやって定義したら良いでしょう?

　そこで登場するのが、時空の原点と(ct, x, y, z)の距離を$\sqrt{(ct)^2-x^2-y^2-z^2}$と測ろうというアイディアです。すると、計算するまでもなく、「ターゲットに当たった」というイベントまでの距離は、Aさんから見てもBさんから見ても共通でゼロです。離れた点の間の距離がゼロというのは、日常的に使う距離に慣れた人には奇異に感じられますが、それよりも大切なのは、距離の概念が誰から見ても変わらないという性質の方です。今は光が関係する特別なイベントだけを考えましたが、この距離は、光速以下のどんな速さで動く観測者から見ても変わらないことを示せます。もちろん、同時刻（$t=0$）での4次元距離は通常の3次元の距離と（符号以外は）同じなので、「同じ時刻での2点間の距離」を考えたければ、今まで慣れ親しんだ距離と同じように使えます。「距離」が持っていて欲しい性質をちゃんと備えてくれるのです。

　ここではこれ以上の説明は控えますが、これ以外の性質を調べてみても、この距離の定義は相対性理論にとっては本当に自然なもので、光速度不変の原理の幾何学的な表現と言っても差しつかえないものであることが分かります。この距離の測り方を、考案者の名前をとって「ミンコフスキー距離」と呼び、この距離を導入した4次元時空を「ミンコフスキー時空」と呼びます。

時間の遅れが示すこと　～時間と空間の一体性～

さて、このミンコフスキー距離を使って、等速直線運動する物体の時空における速さを測ってみましょう。

例えば、地上に対してx方向に光速の50％で進む宇宙船が1秒後に到達する時空の座標は（c, $0.5c$）です（y方向とz方向は省略しました）。原点とこの点の距離は、$\sqrt{c^2-(0.5c)^2}\approx0.87c$です。

一方、この宇宙船に流れる時間は地上の０・８７倍でした。すなわち、地上から見て1秒後の時点で、宇宙船にとっては０・８７秒が経過しています。速さは距離を時間で割ったものですから、この宇宙船の時空における速さは、$0.87c/0.87=c$となって光速になります。静止した宇宙船は時間方向に光速で動いていることを思い出して下さい。時間も加えた4次元時空では、物体の速さは、止まっていても動いていても光速なのです！

直感的に言うなら、時空での速さが変わらないために、空間方向に速度が割り振られ、その分だけ時間方向の速さが割を食って遅くなる、ということです。これが「時間の遅れ」の理解の仕方のひとつなのですが、これは同時に次のことを示唆しています。

空間方向の移動は時間経過と同じ意味を持っている

事実、ある観測者（Aさん）から見た物体の空間方向の速度が、その物体の静止系にいる観測者（Bさん）から見た時間方向の速度の一部が割り振られたものであるということは、Bさんから見た時間方向が、Aさんから見ると空間方向と混ざっていることを意味しています。時間と空間は観測者の相対速度によって混ざるのです。

相対性原理のために、AさんとBさんはどちらが特別という訳ではありません。ということは、時間経過と空間の移動は見方の違いに過ぎないことになります。時間経過とは、比喩ではなく、本当に時空内の運動なのです。時間とは本来、時間と空間が一緒になった「時空」という枠組みの中で捉える必要があることがはっきりと分かります。

建築の世界に「要石」という用語があります。石組みでアーチ構造を作るとき、両方のアーチからかかる力を引き受ける役割を果たす、文字通り構造の要になる石です。時間と空間をアーチ構造の両翼に例えるなら、「光速」は時空の要石です。ニュートンの運動法則に留まっていた頃は、時間は時間だけの問題でしたが、これは「光速」という要石が見えておらず、アーチ構造の端っこだけを見ていたからに過ぎません。特殊相対性理論が明らかになった今、時間の問題は時間だけでは閉じず、空間も合わせた「時空」という構造物の一部として考えなければいけなくなります。これこそが20世紀に更新された新しい時間の捉え方です。

第5章

揺れ動く時空と重力の正体

一般相対性理論

一般化された相対性原理

度々強調してきたことですが、時間は物体の運動を通じて私たちの前に姿を現します。だからこそ私たちは物体の運動に注目してきた訳ですが、ここまでのお話を振り返ってみると、これまで登場した運動法則は全て、ガリレオが見出した相対性原理、すなわち、

どんな速さで動いていようと、等速直線運動する限り、
あらゆる物理法則は不変である

という仮説が拠り所となっていました。

前章でお話しした特殊相対性理論は、この原理と、マクスウェルの理論を元にして見出された光速度不変の原理がその原点です。その結果、「3次元空間全体に淡々と同じペースで流れる」という素朴な時間観は「時間と空間を合わせた4次元時空内の運動」という新しい時間観に更新されました。

特に、空間方向の移動も時間経過の一部とみなせるというのはニュートンの時代には考えられ

ない価値観です。相対性原理はこうした革命的な時間観に私たちを導くガイドラインの役割を果たしてくれました。

ですがその一方で、この原理には明らかに不満な点がひとつあります。「等速直線運動」という制限です。等速直線運動以外の運動は全部ひっくるめて「加速運動」と呼ばれますが、世の中に見られる運動はほとんど加速運動です。例えば、止まっている状態から一歩踏み出すだけでも加速運動ですし、地球が自転していることを考えると、地上で立っている状態すら厳密に言えば加速運動状態です（回転は運動の方向が変わるので加速運動です）。

そう考えると、等速直線運動というのはものすごく特殊な状況です。事実、特殊相対性理論の「特殊」はこの事情を反映して付けられた枕詞です。間違いなく素晴らしい理解に辿り着いたのですが、厳密には、その適用範囲は恐ろしく狭いのです。

そもそも、よく考えてみれば、物理法則というのは自然界のルールですから、それが観測する人の立場によって変わってしまうというのはいかにも不自然です。本来であれば、等速直線運動などに限定せずとも、

観測者がどんな運動をしていようと、その人が見る世界の法則は変わらない

というのが宇宙のあるべき姿ではないでしょうか。

この理想的な原理を「一般相対性原理」と呼びます。等速直線運動という特殊な状況に限定しない、一般的に成り立つ相対性原理という意味です。果たして私たちの宇宙はこの理想を採用しているでしょうか？　そして、もしそうだとしたら、それによって時空像（時間像）はどのように変わるでしょうか？　これがこの章のテーマです。

それは絵に描いた餅？

以前と同じように電車に乗っている場面を考えましょう。ただし、今度は電車が等速直線運動している必要はありません。ブレーキをかけたり、加速したり、カーブを曲がったり、あらゆる運動が許されます。それでもなお物理法則は変わらないか？　というのがここでの問いです。

すぐさま、話はそんなに甘くないことが分かります。以前少し触れましたが、電車が加速運動すると中の物体には例外なく慣性力が働いて、中の人はバランスを崩して「おっとっと」となります。ボールが置いてあれば転がり出します。

ということは、手を放したボールは、電車がホームに止まっているときには真っ直ぐ下向きに落下するのに対して、加速中には慣性力が働いて斜めに落下します。自分自身が静止、または、等速直線運動をしているような状態（長いので、これからは「慣性系」という用語を使いましょう）と加速している状態（同じく「加速系」という用語を使います）で物理法則が変わってしまったように見えるのです。

一般相対性原理が正しいなら、慣性系だろうが加速系だろうが共通の物理法則が成り立つはずです。もしも加速することで物理法則が本質的に変わっているなら、残念ながら先程の理想は実現されていないことになります。一般相対性原理は絵に描いた餅に過ぎないのでしょうか？

慣性力

この結果を見て、「慣性系と加速系は明らかに違うのだから一般相対性原理はあきらめよう」とする立場もあり得ますが、せっかくここまで来たので、その判断は一旦保留して、一般相対性原理にとって最大の障害になっている慣性力をもう少し詳しく眺めてみましょう。

まず重要なのは、慣性力は見る人の立場によって現れたり消えたりする「見かけの力」であるという点です。

例えば、図５－１のように、Ａさんが立つホームに電車が止まっているとしましょう。Ａさんの目の前には、電車の床に置かれた摩擦なく転がるボールがあります。この状態から電車が出発

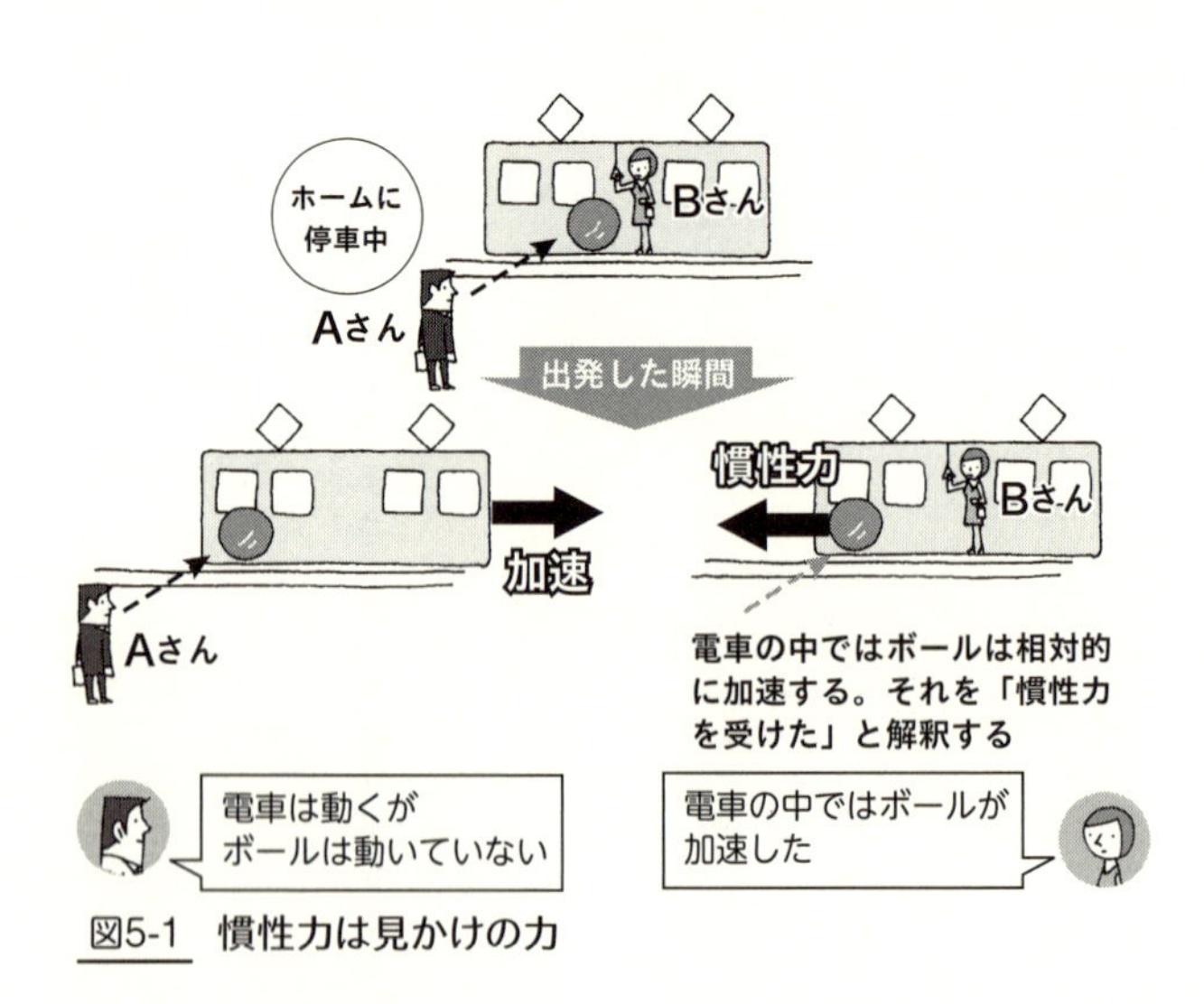

図5-1 慣性力は見かけの力

すると何が起こるでしょう？

まずはAさん視点です。電車は加速していますが、ボールには何の力も働かないので、ボールは慣性の法則に従って電車に置いていかれて、Aさんの目の前に留まり続けることになります。

一方、電車と一緒に加速しているBさんから見ると、Aさんの目の前に留まり続けるボールは進行方向と逆向きに加速しているように見えます。これは、加速しているBさんから見ると慣性系に留まり続けるボールが相対的に加速して見える、というだけのことです。これはボールに限った話ではなく、電車の中にどんな物体が置かれていても（摩擦さえなければ）同じように加速して見えます。

ここで、「加速する物体には力が働いている」と考えるのが運動法則の習わしだったことを思い出して下さい。結果、Ｂさんから見るとボールには力が働いているように見えます。これが慣性力です。身も蓋もない言い方をするなら、

加速しながら眺めると慣性系にいる物体は相対的に加速するので、その物体には力が働いていると解釈することにした

ということです。当然、この力はＡさんからは見えません。立場によって生じたり生じなかったりする力ですから、まさしく見かけの力です。

ここで、慣性力が文字通り物体の慣性に由来することを強調しておきましょう。先程指摘したように、電車の中の物体は全て同じ大きさの加速度を持ちます。運動方程式、【力】＝【質量】×【加速度】を見ると、加速度が共通なので、慣性力は常に質量に比例することが分かります。質量は「物体の動きにくさ」でした。慣性というのは「その状態を続けようとする性質」ですから、慣性が大きいことと質量が大きいことは同じ意味になります。このことから、慣性力は慣性に由来していることが見て取れます。

まとめると、加速系から見ると、全ての物体は同じ大きさで加速され、結果として物体にかかる慣性力は質量に比例します。そしてこの慣性力は、観測者が慣性系にいるときには消えてしま

う見かけの力です。

何かに似ている……

さて、こうしてまとめられた特徴を見てデジャ・ヴュを感じた方はいないでしょうか？　そう、慣性力は重力と瓜二つなのです。

まず、重力に引かれた物体は、空気抵抗さえなければ、どんな物体でも同じように加速されて同時に落下します。ガリレオの落下の法則ですね。先程と同様、加速度が共通なので、重力は質量に比例します。重力は慣性力と全く同じ特徴を備えているのです。

それならば、重力もまた、慣性力と同じように見る人によって現れたり消えたりするでしょうか？　答えはなんとＹＥＳです。

あまり想像したくありませんが、あなたが乗っているエレベーターを吊すワイヤーが突然切れたとしましょう（図５－２）。

重力による加速は物体の種類に依らないので、エレベーターとその中の物体は全く同じように落下します。結果、あなたから見ると、周りの物体は空中にフワフワと浮きます。重力が消えてしまっているのです。

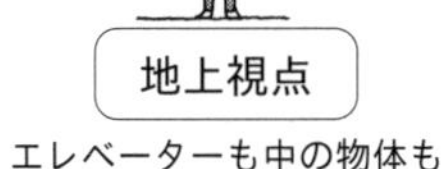

エレベーターの中の人の視点

エレベーターも中の物体も
同じように落下する

目の前の物体は空中で落下せずに
その場に留まり続けるので、
重力が消えたように見える

図5-2　落下するエレベーター

この現象は身の周りでもよく見かけます。例えば、エレベーターが下に動き出した瞬間、体が少しだけフワッと浮くように感じますよね？　あれが極端になると無重力になります。私は超が付くほど苦手ですが、遊園地にあるフリーフォールのアトラクションがまさにそれです。

重力に引かれた物体は皆同じ大きさの加速度を持ち、重力の大きさは質量に比例し、しかも自由落下する状態から見ると消える。先に述べた慣性力と見比べると、偶然と考える方が不自然な程の一致具合です。ここまで似ているとなると、重力と慣性力は全く同じメカニズムで生じているのではないか、という考えが頭をよぎります。そこで、もう一歩進めて、

慣性力と重力は区別の付かない、全く同じ力である

という仮説を立ててみることにしましょう。

どちらが本当の慣性系？

一見飛躍が過ぎるように思いますが、せっかくのアイディアです。物理学でよく使う「とりあえず行ける所まで行ってみよう♪」という楽観的なスタイルを採用して、この仮説を推し進められるだけ推し進めてみましょう。

慣性力が発生するメカニズムは、

慣性系に対して加速している観測者から見ると、周りの物体は同じように加速されるので、質量に比例した力が働いていると解釈する

というものでした。これは自分が加速系にいるかどうかの判定にも使えます。周りの物体に慣性力が働いているように見えるなら自分は加速系にいて、慣性力が消えているなら自分は慣性系

にいる、という具合です。

私たちは今、重力と慣性力は同じ力であると考えることにしたので、地上に働く重力は慣性力です。であれば結論はひとつ。

地上で静止する私たちは加速系にいる

ということです。逆に、重力（慣性力）が消える自由落下状態こそが慣性系ということになります。確かに、地上で止まっている人は、自由落下している人から見ると上向きに加速しています。重力はこの加速から生じる慣性力である、というのが、今の仮説の下での重力の解釈になります。

頭がおかしくなりそうですね。ここは誤解の原因になりそうですから、今のうちにすっきりさせておきましょう。この解釈に違和感を抱く理由は単純で、私たちはほとんど無意識に、普段暮らしている地上は静止した慣性系で、自由落下状態はどう見ても加速状態であると考えているからです。この一見当たり前の感性は一体どこから来るのでしょう？

例えば、宇宙空間になぜかリンゴが漂っていたとしましょう。そのリンゴには外から何の力も働いていないので慣性系にいます。もし、あなたがリンゴのそばに浮かんでいて、そのリンゴが止まっているように見えているとしたら、あなたはそのリンゴと同じ慣性系にいると考えて良いでしょう。これがこれまでずっと貫いてきたやり方です。

話を地球に戻します。今、私たちは地球だけに注目しているので、太陽や他の天体のことは一旦忘れて、この世には地球と私たちしかいないとしましょう。ついでに自転も無視します。そう考えると、地球は先程のリンゴと全く同じく、宇宙空間に漂う丸い物体に過ぎません。ちょっと大きくて食べられないだけです。

地上で静止している状態というのは地球との相対速度がゼロの状態ですから、これまた先程のリンゴの例と同様、地球に対して静止しているあなたと地球は同じ慣性系にいると考えて良いはずです。慣性系にいる物体（今の場合は地球）との相対速度がゼロなら自分もその物体と同じ慣性系にいる。この判断基準があるからこそ、私たちは自信を持って「地上は慣性系である」と主張できたのでした。

ところが、先程仮定したように、「重力と慣性力は同じである」と考えると、重力が働く地上での静止状態は加速系と結論せざるを得ません。これまでの常識と明らかに矛盾していますね。これが混乱の原因です。面白いアイディアかも知れませんが、これまで慣れ親しんでいて、特に問題のなかった「地上は慣性系である」という常識を捨ててまで新しい仮説を採用する価値はあるでしょうか？

それは光の挙動から

こういうとき、私たちの拠り所は実験の精神です。仮説の正しさは直感や感性ではなく、再現性のある実験によって判定するべし、というのが科学の基準でした。慣性系が変わることで決定的に変わる物理現象は一体何でしょう？　勿体を付ける必要はないですね。それは光の挙動です。

私たちは既に、慣性系では特殊相対性理論が正しく機能することを知っています。特殊相対性理論の大前提は光速度不変の原理ですから、慣性系では光は直進し、スピードは常に一定でなければいけません。今、私たちには慣性系の候補がふたつあります。ひとつは地上での静止状態、もうひとつは自由落下状態です。光速度不変の原理が成り立つのは一体どちらでしょう？

これを確かめるために、こんな実験を考えてみましょう。あなたは今、地上の建物の一室にいるとします。部屋の高さは地球の半径に比べて十分小さいので、この部屋の中では一定の重力が働いていると考えて構いません。

その部屋の床に、正確に１秒ごとに天井に向けて光を発信する装置を取り付けます。そしてあなたは（なんとかして）天井に張り付いて、定期的にやってくる光パルスの時間間隔を測ります（図５－３）。前の章に登場した光時計と似ていますが、今回は光を反射せず、床から天井に向け

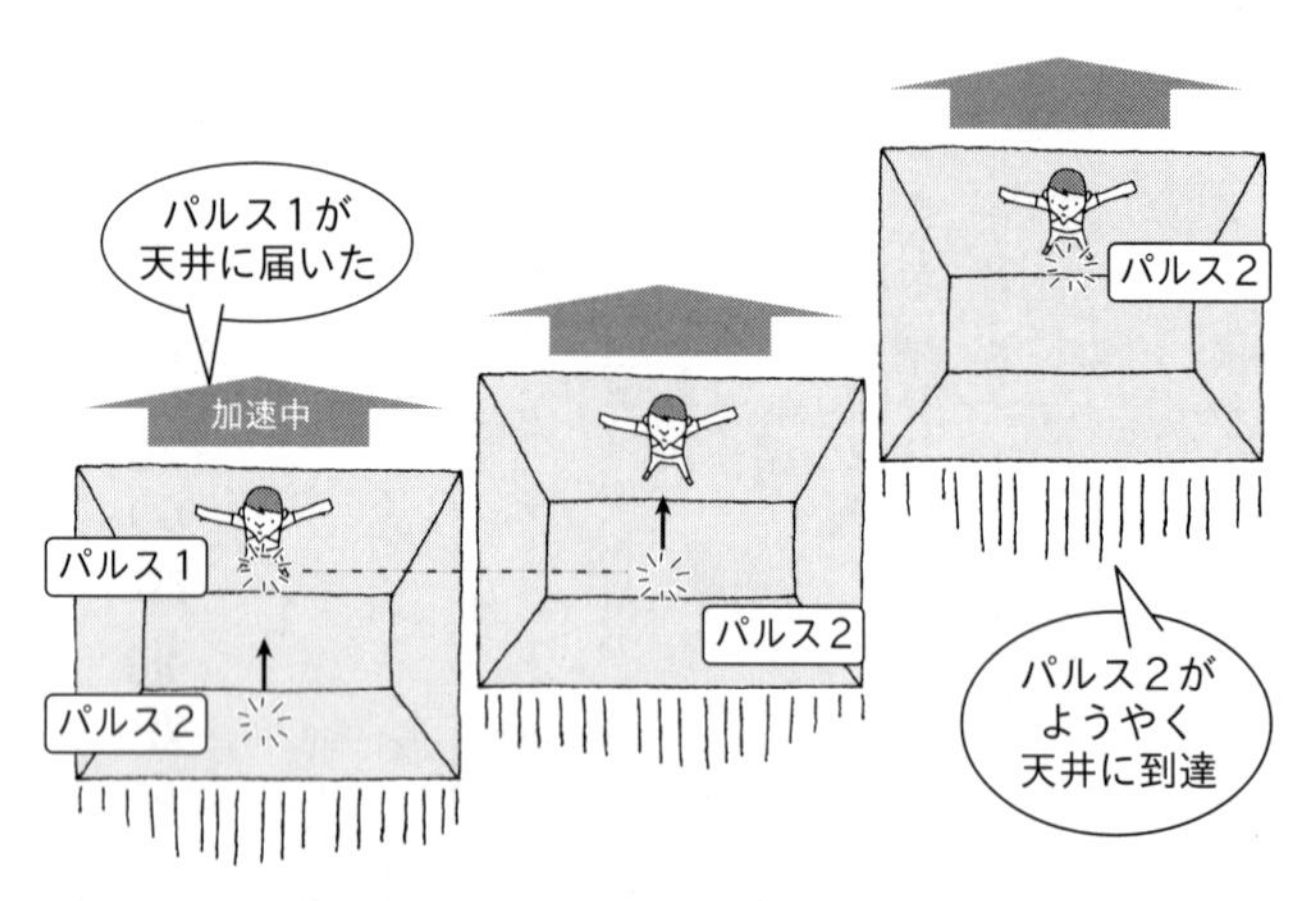

図5-3　上向きに加速する部屋の天井に届く光パルス
パルスが届くまでに部屋のスピードが変化するために、パルスは部屋に置いていかれ、パルスが届く時間間隔が延びる。

て一方的に1秒間隔で光パルスが発信されるだけです。

あなたが観測する光パルスの時間間隔は、床で経過した1秒を天井から見たものです。もちろん、床と天井の相対速度はゼロですから、特殊相対性理論による時間の遅れは生じません。床の1秒は天井から見たら何秒に見えるでしょう？

「アホか。1秒に決まっとるやないか」というツッコミが聞こえて来そうですが、まあ、ちょっと待って下さい。これがまた状況次第でずれるのです。

まずは今までの常識通り、地上での静止状態が慣性系と仮定してみましょう。このとき、部屋の中は慣性系なので、光速度不変の原理は部屋の中で成り立ちます。光は直進し、そのスピードは常に一定です。この場合は深く考える必要はなくて、天井では正確に1秒ごとに光を受信します。天井と床の時間の進み方は同じです。先のツッコミの背後には地上が慣性系であるという前提が隠れていることが分かると思います。

では、重力と慣性力が本当に同じ力で、地上での静止状態が加速系だったとしたらどうでしょう？　この場合、光速度不変の原理が成り立つのは慣性系である自由落下状態で、部屋全体は、その慣性系に対して上向きに加速している状態とみなせます。天井にいるあなたは、慣性系を一定の速さで直進してくる光から加速度的に逃げていることになります。光が床から天井に向けて飛んでいる間にも部屋はスピードを上げるので、光は部屋の動きに置き去りにされ、少し遅れて天井に届きます。結果、天井から見ると、床からやってくるパルスの間隔は1秒よりも長くなります。

床での1秒が天井で見ると1秒以上に見えるということは、高い所よりも低い所の方が時間はゆっくり進むということです。この議論を繰り返すと、もっと一般的に、「重力が強い所では時間がゆっくり進む」と予言できます。

さて、いよいよ実験の出番です。現実にはどちらの立場が正しいでしょう？　高い所と低い所で時間の進み方に違いが出るでしょうか？

重力による時間の遅れ

結果は新しい仮説の勝利です。現在では、時間の進み方が地上からの高さで変わることが様々な実験によって検証されています。

一番身近な例はまたもやGPSでしょう。説明は繰り返しませんが、99ページで説明した通り、GPSの精度は人工衛星に搭載された原子時計がどれだけ正確に同期されているかにかかっています。

事実、衛星軌道上を飛ぶ人工衛星の中では、高速で動くことによる時間の遅れよりも、高い所にいるために生じる時間の進みの方が大きくなり、結果として地上の時計よりも進みます。これは、説明した原理に基づいた時間の変化がなければ説明できません。もちろん、この他にも様々な検証がなされていて、今では逆に、時間の進み方の違いを利用して正確な高度を計測する、というプロジェクトがスタートしている程です。

余談ですが、2014年に公開された『インターステラー』というSF映画では、重力による時間の遅れが大活躍しました。巨大ブラックホールの近くを回る惑星に降下した一行が惑星で数時間を過ごしてから上空に待機していた母船に戻ると、母船では23年余りもの時間が流れていたという場面があるのですが、これはブラックホールの強力な重力の影響で惑星上の時間が大きく遅れる、という事情を反映しています。

こうして私たちはひとつの結論に到達しました。先程の仮説は本当に正しくて、重力と慣性力は本当に同じ力だったのです。この認識は、今では仮説から原理に格上げされ、「等価原理」の名前で呼ばれています。私たちが住む地上は実は加速系で、地球に向けて自由落下する状態こそが慣性系です。地上の重力は、地面が自由落下を食い止めているために生じる慣性力なのです。

等価原理を時空で見ると……時空は曲がっている！

さて、ここまでに分かったことを時空の視点で見直すと面白いことに気付きます。ここも少し抽象的ですから、ステップを踏みながら順番に見ていきましょう。


［STEP1］慣性系の時空は「平面」

手はじめに、慣性系で静止している観測者を考えましょう。慣性系というのは特殊相対性理論が通用する世界ですから、前の章と同様、時間と空間を一緒に取り扱い、時間経過も運動の一部と考えます。慣性系での時間は空間と直交するので、本来３方向ある空間を１方向で代表させる

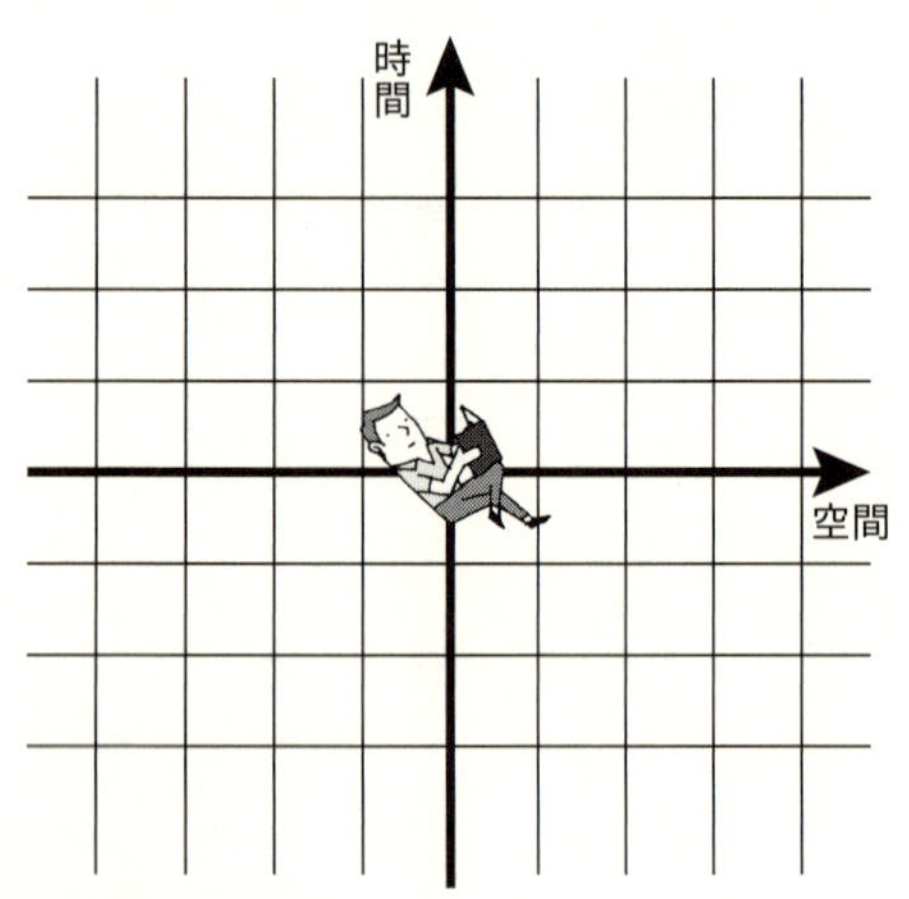

図5-4　慣性系の時空
時間と空間が直角に交わり、時空は平面で表される。

と、慣性系の時空は図５－４のような平面として表現されます。これは、１０７ページで紹介したミンコフスキー時空に他なりません。

続いて運動する物体を考えます。時間経過も運動の一部だということは、物体は時空中を必ず動いていて、時空を移動する１本の線として表されます。この線は「世界線」と呼ばれます。格好いいですね。

例えば、地球から遠く離れた所に浮いているAさんが少しずつ地球に引かれて最後には地球に落下する、という現象を表す世界線は図５－５のようになります。最初の内はAさんと地球との距離がほとんど変わらないので、世界線のはじまりは地球の世界線と平行です。

ところが、Aさんは徐々に加速して地球に近付きます。図５－５に描かれた世界線が徐々に

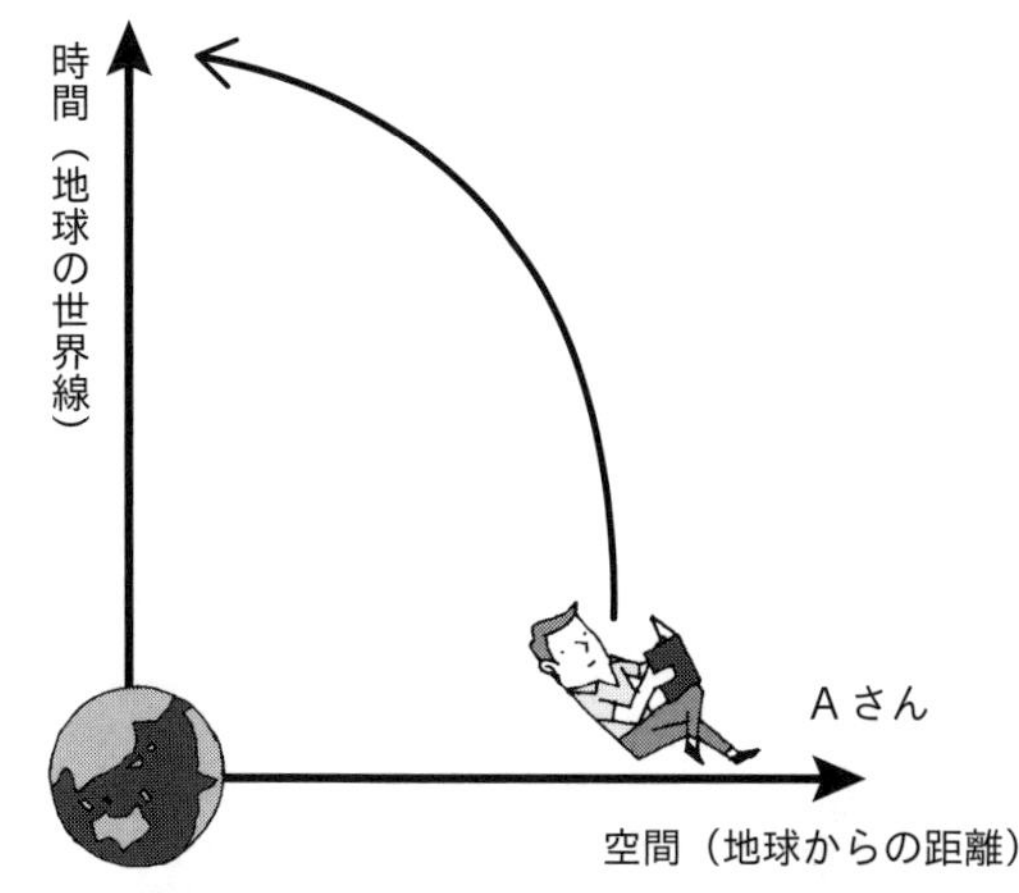

図5-5　地球に向けて自由落下するAさんの世界線

地球の方に傾くのはそのためです。

［STEP2］世界線と固有時間

ここでひとつ大切な考え方を導入しましょう。これまで度々使ってきた「観測者」という言葉には、「自分を基準にして世界を眺める人」という意味が込められています。

例えば今この本を読んでいる皆さんも、生まれてこのかた自分の目で世界を眺めてきたのですから立派な観測者です。自分を基準にするということは、自分自身は常に静止しているということです。皆さんは「いや、自分は動いている」と言うかも知れませんが、それは自分以外の基準を想定しているからです。別にそれはそれで構わないのですが、超利己的な立場を採用して、自分は常に静止していて、動いているのは周りだと主張した

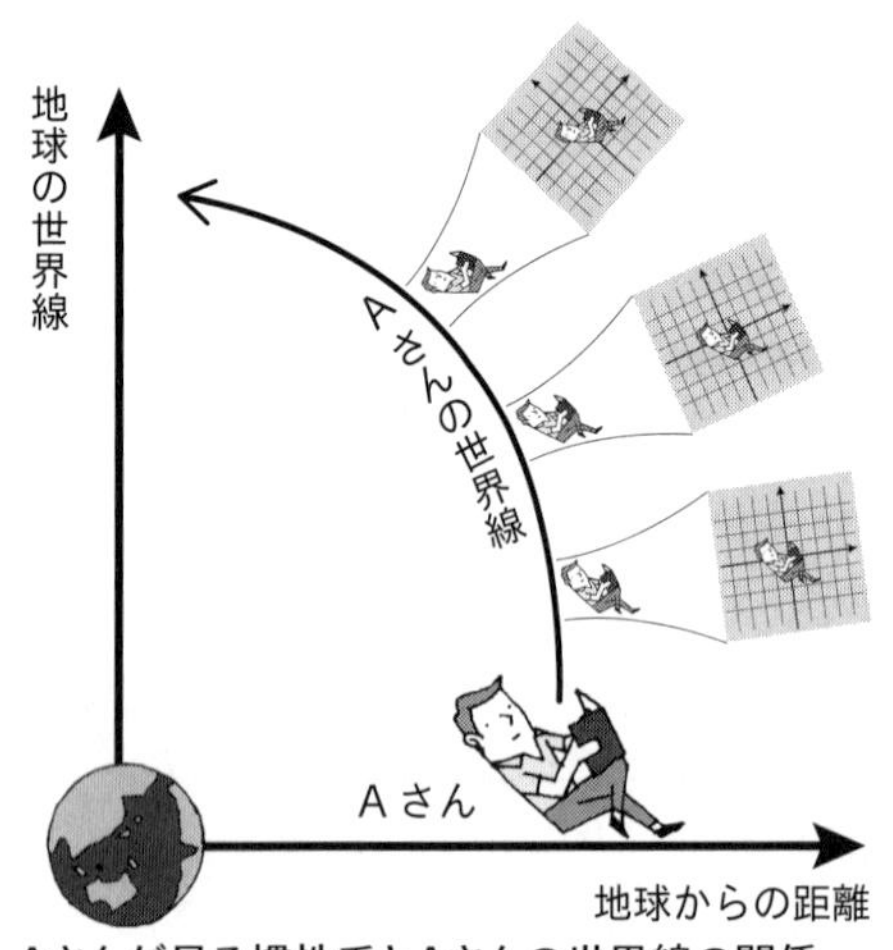

図5-6　Aさんが見る慣性系とAさんの世界線の関係

って構わないはずです。正しい・正しくないの判定はいつだって基準次第です。

度々述べてきたように、静止というのは、空間的な位置は変えずに時間だけが経過している状態ですから、観測者の世界線は観測者にとっての時間そのものです（観測者の「固有時間」と呼ばれます）。従って、図5－5に描かれたAさんの世界線はAさんにとっての時間経過（固有時間）を表しています。

【STEP3】自由落下は慣性系

ここでポイントになるのは、Aさんは自由落下しているために一切の重力（慣性力）を感じていないということです。これはAさんが慣性系にいることを意味しています。つまり、Aさんが目にする時空は常に図5－4のような平面状

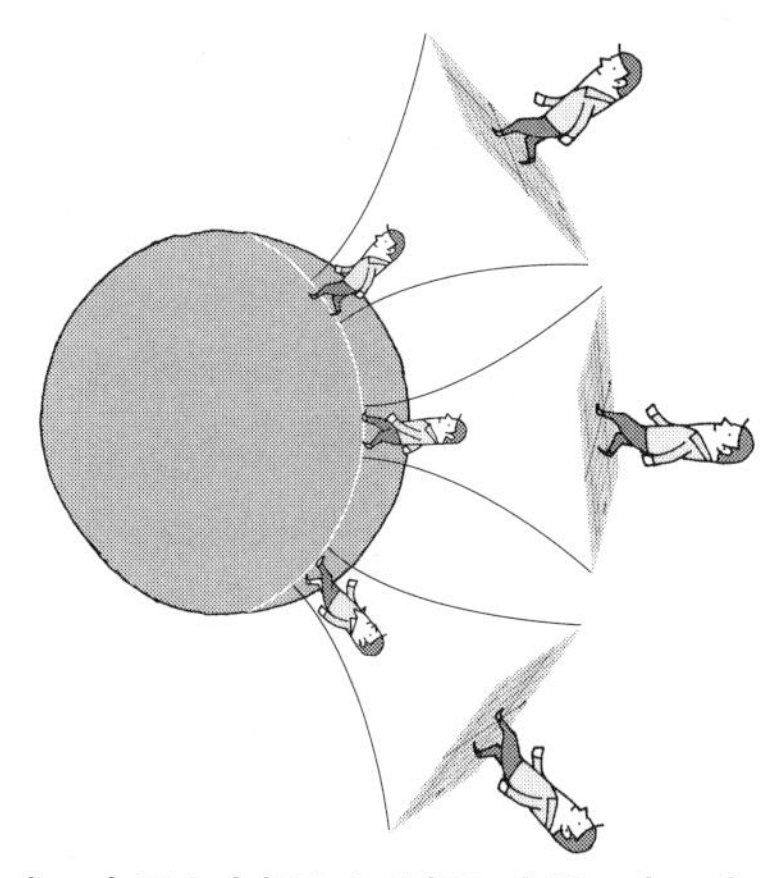

図5-7　地球の表面を南極から北極に向けて真っ直ぐ歩く人の軌跡とその人の周りの地面の拡大図
この軌跡が地球上での南極ー北極間の最短ルートとなっている。

です。その様子を描いたのが図５－６です。拡大された平面がＡさんの見ている慣性系です。
　Ａさんの世界線はＡさんにとっての時間そのものですから、拡大表示された慣性系の時間方向は常にＡさんの世界線に沿い続けます。結果、Ａさんが見ている平面状の時空は、図５－６のように、地球に近付くにつれて少しずつねじれて、時間が地球方向を向いていきます。
　ちなみに、地球に近付くほど時間がゆっくり進むことなども考慮に入れると、軸が傾くだけでなく時間や空間の間隔も変化するため、平面の拡大率も変わります。

[ＳＴＥＰ４]　慣性系のねじれは時空の歪み

　この振る舞いの意味を理解するために、図５－７のように地球の南極から真っ直ぐ北極を目指す旅人を想像してみましょう。旅人は常に自分が歩く地面が平らだと感じています。これはもちろん、地球という巨大な球体のごく一部を見ているからですが、地球を俯瞰して見ると、地球の表面が曲がっているために、旅人が見る平面は少しずつねじれていきます。

もうお分かりですね。これは図5-6で起こっていることと全く同じです。Aさんが見る平面状の時空が徐々にねじれているということは、宇宙全体を形作る時空は図5-4のような単純な平面構造ではなく、曲がっているということです。これが等価原理から導き出される時空の姿です。

一般相対性原理、ここに復活!

ここで大切な指摘をひとつ。図5-7の旅人は南極と北極を結ぶ最短ルートを歩いていますが、このルートは旅人にとっての「北方向」を素直に延長することで得られます。実はこれは曲がった空間の一般的な性質で、ひとつの方向を素直に延長して得られた曲線は(極端に複雑な空間を考えない限り)その空間内の最短ルートになります。

もちろん、これはAさんの世界線にも当てはまります。Aさんの世界線は、Aさんが見る慣性系の時間方向を素直に延長したものなので、時空の最短ルートです。Aさんの世界線は、Aさんから見れば時間経過そのもの(Aさんの固有時間)であることを思い出すと、自由落下する物体の固有時間は「時空の最短ルート」という特徴を持つことが分かります。

さらに、時間経過は、時空中では運動の一種であることを思い出すと、外部から力が働いていない物体の運動法則は次のように表現できます。

物体は、何もしなければ時空の最短ルートを進む

この段階で、保留にしていた一般相対性原理が息を吹き返したことに気付いたでしょうか？一般相対性原理が問題だったのは、加速する観測者から見ると慣性力が働き、運動法則が変わってしまうように見えたからでした。ですが今や、慣性系も加速系も関係ありません。「時空の最短ルート」は、観測者がどんな立場で物体の運動を眺めるかとは関係のない概念です。観測者が世界をどう眺めようと「物体が時空の最短ルートを通って運動する」という事実は変わりません。むしろ、慣性力（重力）は、その最短ルートを観測者の視点で表現するために必然的に生じるもので、逆に、この力がなければ加速系と慣性系の間に差が生じてしまいます。「観測者がどんな運動をしていようと物理法則は不変であるべし」という理想を見事に体現しています。一般相対性原理には等価原理が必要だったのです。

時間の別名、重力

地球周りの時空を曲げた犯人は一体誰でしょう？　状況的に明らかですね。地球です。

そもそもAさんが地球に向けて落下するのは、従来の言い方では、地球が作る重力にAさんが引かれているからです。曲がった時空は、重力を等価原理を使って慣性力と再解釈した結果ですから「地球がAさんに重力を及ぼした」と言う代わりに、「地球が時空を曲げた」と言い換えられます。もちろん、時空を歪めるのは地球の専売特許ではありません。質量を持つ物体が重力で引かれ合うことは「万有引力の法則」として知られています。これは、あらゆる物体は時空を曲げる能力を持つということです。

こうして時空と重力が関係していることが分かるのですが、これをもっと突き詰めると、重力は時間経過そのものであることが分かります。

鍵は一般相対性原理です。観測者がどんな運動をしていようと物理法則が変わらない、と主張するこの原理は、裏を返せば「何を基準に世界を眺めても一向に構わない」という、とびっきりの自由を保証してくれます。より具体的には、時空がどんなに曲がっていようと、私たちは自分の好きな方向を「時間」「空間」と呼んで構わないということです。

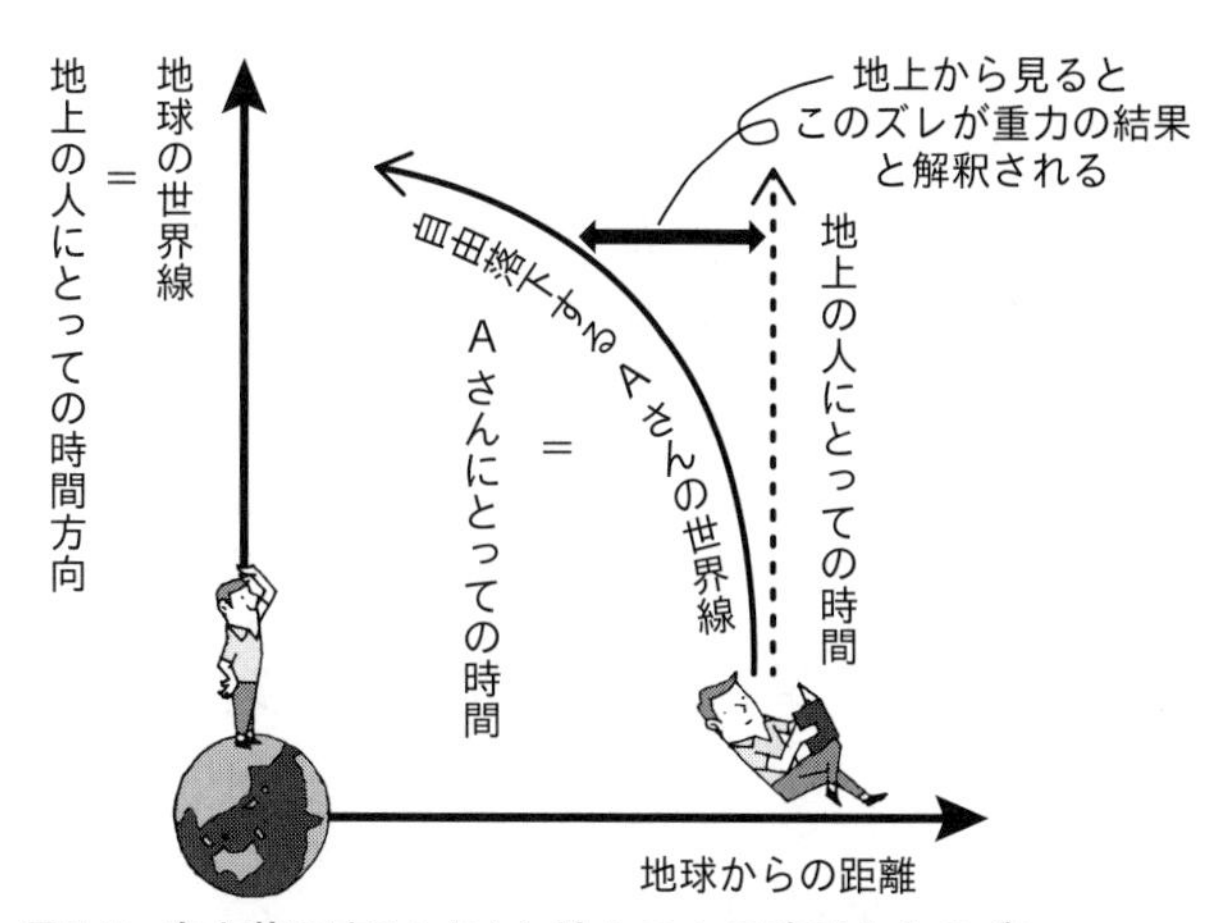

図5-8　自由落下するAさんと地上の人の時間方向のずれ
Aさんにとっての時間経過と地上の人が定めた時間方向のずれが、重力として現れる。

図５－８を見て下さい。地上で暮らす私たちにとっては、「静止」の基準は地球です。「時間方向」は地球が動いていない状態での時間経過で、「空間方向」は地上のどこかを原点にした縦・横・高さ方向。これが、私たちがごく日常的に使っている時間と空間です。私たちは、この基準で世界を眺める超利己的な観測者です。

その一方で、地球の近くではＡさんのような自由落下状態こそが慣性系です。Ａさんは時空の最短ルートを進んでいて、時空内のこの運動は、Ａさんから見ると純粋な時間経過であることは既に述べた通りです。

ところが、Ａさんの自由落下運動は、地上にいる私たちから見ると空間方向への加速運動です。すなわち、Ａさんにとっての時間経過は、私たちから見ると加速運動なのです。この加速を「力が働いている」と解釈した結果が重力です。

これは一般的な現象です。地上にいる私たちから見ると、自由落下する（時空の最短ルートを進む）Ａさんに重力が働くように見えたように、観測者が勝手に決めた「時間方向」が、物体にとっての自然な時間方向（時空の最短ルート）からずれていると、その物体の時間経過は加速運動に見えて、重力が働いていると解釈されます。重力は時間経過の別名なのです。

これはちょうど、特殊相対性理論においては、等速直線運動が見る人の立場によって変わり得る見かけの運動で、だからこそ、空間方向への移動が時間経過の一部とみなせたのと同じことです。相対性原理が特殊から一般に拡張されたために、加速運動すら見かけの運動になり、重力による加速運動もまた時間経過の一部とみなせるようになった、という訳です。

このように、重力は、観測者の基準と慣性系の間の歪み（ずれ）に反応して発生する力です。その意味で、観測者の立場から見た時空の歪みは「重力場」と呼ばれます。

一般相対性理論が語る時間の正体

さて、これまであたかもオリジナルのアイディアのように話を進めてきましたが、もちろんそんなことはなくて、この章でお話しした思考プロセスに誰よりも早く到達したのがまたしてもアインシュタインです。特殊相対性理論を発表してからの10年間、アインシュタインの辿った道は紆余曲折を経ましたが、最終的に、重力の原因が時空の歪みにあると看破しました。これが有名な一般相対性理論です。

アインシュタインは、曲がった時空を取り扱うための自然な数学としてリーマン幾何学を採用し、その言葉を使って理論を書き下しましたが、そこで表現されている内容はこの章で説明してきた通りです（もちろん書き切れなかったこと、数学の内容を言葉で表現し切れなかった部分などはありますが、そこはこの本の性質上ご容赦下さい）。

一般相対性理論は、物体が時空を曲げて「重力場」を形成することで重力が発生することを明らかにしました。言うなれば、時空は重力の仲介役。これもまた「時間とはなんだろう?」という問いへの答えのひとつです。

道半ば

これまで見てきたように、時間が物体の運動を通じて測られる存在である以上、時間観は物体の運動をどのように理解しているかに左右されます。私たちがどうしても「時間は宇宙全体を一様に流れている」と思ってしまうのは、私たちの日常が、ニュートンの運動法則を使えば十分に理解できる現象で溢れているからです。ですが、私たちは今や、光速度不変の原理、等価原理、そして、一般相対性原理を知っています。その知識の下では、この素朴な時間観は時間のほんの一部分でしかなくて、空間方向への移動や、重力という力すら、実は時間の異なる側面と理解できます。思えば遠くに来たものです。

とはいえ、私たちの旅路はまだ道半ばです。例えば、先程辿り着いた「物体は、何もしなければ時空中の最短ルートを進む」という運動法則を改めて噛みしめてみましょう。この法則は、言うなればニュートンの運動の第一法則、「慣性の法則」を一般相対性原理によって拡張したものですから、この法則が適用できるのは、外部から（重力以外に）何の力も働いていないときに限られます。

当然の帰結として、外から力が働くと物体の運動は時空の最短ルートを外れます。時空の最短ルートは時間そのものですから、力は物体の運動を時間方向からねじ曲げる働きをします。これが時間と無関係のはずがないのですが、私たちはまだその意味を語れるだけの思考を積み重ねていません。

そこで、次の章では視点を「力」に移し、より広い視野で時間を捉える準備をすることにしましょう。

第6章

時空を満たす「場」の働き

マクスウェルの理論と量子としての光

それでは早速、「力」について考えてみたいと思います。この章と次の章の内容は、一見すると時間とは縁もゆかりもないように感じるかも知れませんが、力や物質の実像に迫ると、それらが時空と切っても切れない関係にあることが分かります。ですが、そこに至るには少し準備が必要です。しばらくは時間との関係は気にせず、少し長めのコーヒーブレイクのつもりでお付き合い下さいませ。これらは全て伏線です。遠回りの後に、骨太の下地ができていたことに気付いていただけると思います。

「力」をよくよく見てみると

私たちの周りにはどんな力があるでしょう？　ざっと見渡してみると、指がキーボードを押す力、風が木の葉を揺らす力、地面が物体を支えている力、靴と地面の間の摩擦力、パソコンに埃(ほこり)を吸い寄せる静電気力、クリップをくっつけている磁力、そしてもちろん慣性力や重力。他にもたくさんあります。

この中で、重力と慣性力はこれまでお話ししてきた理屈で働く力です。また、静電気の力と磁石の力も素性が分かっていて、重力と同様、物体同士が離れていても働く力です。では、それ以外の「ものが接触して働く力」はどんな力でしょう？

ご存じの通り、全ての物体は原子でできています。原子の大きさは大体１億分の１㎝程度ですが、これは中身の詰まったボールではありません。むしろスカスカと言っても良いくらいで、原子核と呼ばれるプラス電荷を持った小さな中心核が質量の９９・９％を占め、その周りをマイナスの電荷を帯びた軽い粒子である電子が取り巻いています。「原子の大きさ」というのは、この電子が回っている領域の大きさです。

ちなみに原子核の大きさは原子の10万分の1程度です。10ｍ四方の教室が原子だとしたら、原子核は教室の中心に浮いている０・１㎜くらいの埃の大きさ、と言うとイメージできるでしょうか。そこに原子の質量のほとんどが詰まっているのだから驚きですが、いずれにせよ、原子のスケールで物事を見ているときには、通常、原子核の大きさは無視できます。

さて、全ての物体は原子でできていて、原子がこのような構造を持つことから考えて、物体の表面というのは電子です。物体同士が近付くということは、物体の表面の電子同士が近付くということに他なりません。

ところが、電子はマイナスの電荷を帯びた非常に軽い粒子ですから、電子同士が接触しようとしても電気的な反発力が働いて逃げてしまいます。一見接触しているように見えても、厳密には近付いているだけなのです。

ということは、「物体が接触して働く力」すら、ミクロレベルで見れば離れた状態で働く力であることが分かります。力というのは本質的に離れた物体の間に働くということです。

　ここで少しだけ脱線的な補足をしておきます。歴史的に見れば後で分かることですが、日常生活で目にする物体が接触したときに働く力は、電子間に働く電気的な反発力よりも、電子が持つ「同じ状態には1個の電子しか入れない」という性質の方が強く効きます（「電子はフェルミ統計に従う」と言います）。

　他の電子が近付いてきて自分の領域に侵入しようとしても、それを電子の特性が許さないので結果として反発力が生じてしまうのですね。もちろんこれも力には変わりないですし、物体の性質を理解したければむしろ重要事項なのですが、この力は重力やこの先お話しする電気・磁気の力とは趣が異なるので、この章の文脈では深入りを避け、この程度の説明に留めます。もちろんここから先の話には影響しないのでご安心下さい。

　さて、このように、補足で述べた電子の統計的な特性に由来する力を除けば、身の周りに見えている力は全て重力か電気・磁気の力（電磁気力）のどちらかに帰着します。電子が原子核の周りに留まっていられるのも電気的な力のお陰ですし、私たちの体内で起こっている数々の化学反応も、元を辿れば電子が原子の間を渡り歩く現象ですから、これまた電磁気力由来です。私たちの日常生活は重力と電磁気力（と電子の統計性）に支えられているのです。

　電磁気力が働く仕組みは、第4章で登場したマクスウェルの理論で説明できます。これまではその詳細に踏み込む必要がなかったので保留していましたが、これもまた大切な世の理です。この機会に詳しく見てみましょう。

静電気の正体

静電気というと、冬場にセーターを着るときにバチバチっとなるあれです。静電気を帯びたセーターをよく見ると、ウールの繊維が逆立っているのが分かります。繊維同士が反発しているのです。子供の頃に下敷きを頭にこすりつけて髪の毛を逆立てる遊びをした方も多いと思いますが、この場合は髪の毛が下敷きに引き付けられています。このように、静電気は「ものをこすったときに生じる、離れた物体の間に働く不思議な力」として日常的に経験できます。この力が「静電気力」です。

静電気力は、この世にはプラスとマイナス2種類の「電荷」なるものがあって、同じ種類の電荷は反発し、違う種類の電荷は引き合うと考えるとスッキリと説明できます。静電気が生じるのは、ものをこすることで物体の表面に電荷がくっついて、その電荷の間に力が働くから、と考える訳です。さらに18世紀には、シャルル・ド・クーロンによる実験で、

ふたつの電荷の間に働く力は、それぞれの電荷の積に比例し、
電荷間の距離の2乗に反比例する

という定量的なパターン（クーロンの法則）があることも分かりました。電荷は目には見えませんが、これだけはっきりとした法則性を示す以上、その存在は疑いようがありません。電荷もまた仮説と実験の精神の賜（たまもの）という訳です。

局所性のアイディア

さて、ここからがポイントです。重力もそうでしたが、静電気力の最大の特徴は離れた所に届くことです。電荷はどうして遠くにある別の電荷に反応できるのでしょう？

素朴に「電荷は他の電荷の情報を即座に探知できる特性を持っているのだ」と考えるのはひとつの解決方法ですが、もしそうだとすると、電荷は宇宙全体にある他の電荷の様子をリアルタイムで感知していることになります。これはいかにも不自然ですし、何より、高々電荷ひとつに働く力を説明するために宇宙全体を考えなければいけないというのは煩雑すぎます。

例えば、私たち人間はある程度離れた場所の情報を知覚できますが、これは別に遠くの物事に

直接繋がるような超能力を使っている訳ではなく、自分のすぐ側にやってきた光や音や物質を捉えて、そこから読み取れる情報から遠くにある物事を類推しているに過ぎません。生き物の五感と自然法則を同列に扱うのは乱暴かも知れませんが、それでも、自然法則のあり方として、

ある地点での現象はその近傍の情報だけで決まるべし

という指導原理（「局所性」と言います）を採用することで、もっとシンプルに静電気力を理解することはできないものでしょうか？

もちろん局所性は願望に過ぎませんから、自然界がそれを採用している保証は何もありません。ですが、ここはひとつ大らかに構えて、局所性を仮定したらどういう結論が得られるかを見て、その結果と現実を比較することでその是非を判定することにしましょう。

局所性の実現　～「場」というアイディア～

改めて、図６－１のように少し距離を置いてふたつの電荷が置かれているとして、その内の片方（電荷A）に注目しましょう。

図6-1　電荷に働く静電気力

電荷Aに力が働くのは間違いありません。ですが、局所性が正しいとすると電荷Aが感知できるのは自分の周辺だけなので、この力の直接の原因は離れた場所にある電荷（電荷B）ではあり得ません。電荷Aの周りには空間しかないので、局所性にこだわるなら、電荷Aは空間から力を得ていることになります。

空間から力を得る、という状況を想像するには、川に浮かぶボートを思い浮かべると良いでしょう（図6-2）。

ボートは水の流れる方向に力を受けて動きます。同じように、空間には電荷だけに反応する「流れ」のようなものがあって、電荷はその流れから力を受ける、と考えてみるのです。確かにこれなら、宇宙全体の様子などという壮大な情報を知るまでもなく、電荷の周りの「流れ」の向きと強さだけで力が決まるので、局所性が担保されます。大変コンパクトです。

クーロンの法則によると、電荷が大きいほど強い静電気力が働くので、電荷が受ける力は流れの強さだけでなく、電荷の大

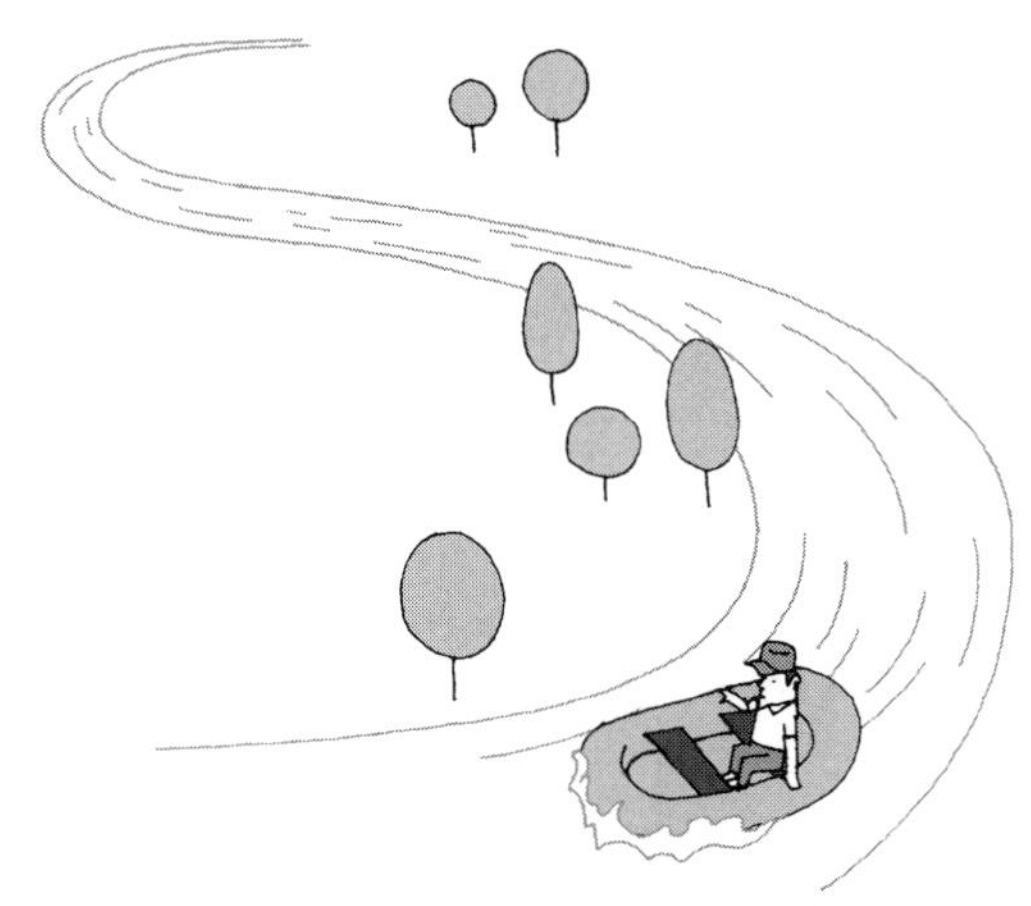

図6-2　川に浮かぶボートは、ボートの周りの水の流れから力を受ける

きさにも依存すると考えるべきでしょう。電荷だけに反応する流れが空間（場所）に張り付いているという意味で、この流れは「電場」と呼ばれます。

また、電荷Ｂがあるからこそ電荷Ａに力が働くことから、電荷Ａの場所に電場を作ったのは電荷Ｂと考えるしかありません。もし両者が同じ符号の電荷を持っていたら、電荷Ａは電荷Ｂから離れる方向に力が働きますから、電場は電荷Ｂから泉のように湧き出し、放射状に放出されていることになります。

まとめると、電荷Ａに働く静電気力は、

①　電荷Ｂから電場が放射状に湧き出し、

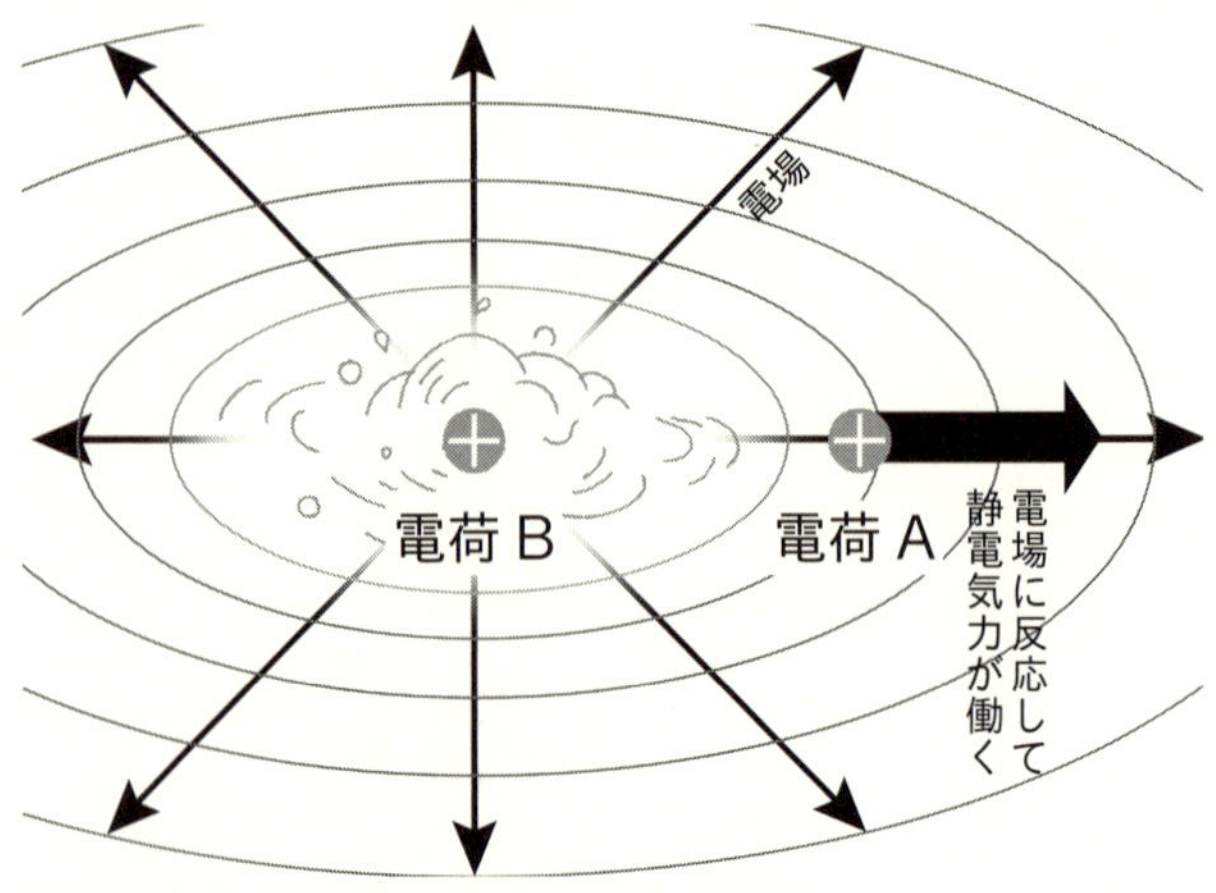

図6-3　電荷と電場の関係を水で例えた様子
水が流れる向きが電場の方向に対応する。電荷Bから電場が湧き出し、放射状に伝搬して電荷Aに作用する。

②電荷Aは自分の場所に
　やってきた電場に反応
　して力を受ける

という2段階のプロセスを踏んで作用すると考えるのが、局所性に基づいた静電気力の説明です（図6－3）。

電荷というのは、電場に反応する能力であると同時に電場の湧き出し口でもある、と言い換えても良いでしょう。電荷と電場の関係を決める①の法則は「ガウスの法則」と呼ばれます。

ちなみに、電荷は自分自身が作り出した電場には反応しません。これは、電荷は常に自身が作る放射状の電場の中心にいるため、反応するべき方向がないからです。なので、自分自身が作る電場は、自分にとってはないものと考えて構いません。

磁石は電荷の流れから

静電気力と非常によく似た力に、磁石に働く力として馴染み深い「磁力」があります。電荷と同様、磁石の同じ極同士は反発し、違う極同士には引力が働きます。

磁石は必ずN極とS極がペアになっていて、単独の極だけを持つ磁石は見当たらない、という点が静電気力と少し違いますが、力の性質は瓜二つです。となれば、先程と同様、電場とは別に、空間には磁石に反応する「流れ」があると考えるのが良いのでしょう。これを「磁場」と呼びます。

ここまで似た力ですから、電場と磁場の間には何らかの関係があるのでは？　と疑いたくなるのですが、実際はどうでしょう？

これは予想通りで、磁石は電荷の流れ、すなわち、電流で作られます。実物を作ったことのある方も多いと思いますが、鉄に導線を巻き付けて電気を流すとその鉄は磁石になります。いわゆる「電磁石」です。鉄を使うのは強い磁場を生み出すための工夫で、電磁石の本質は導線を流れる電流にあります。

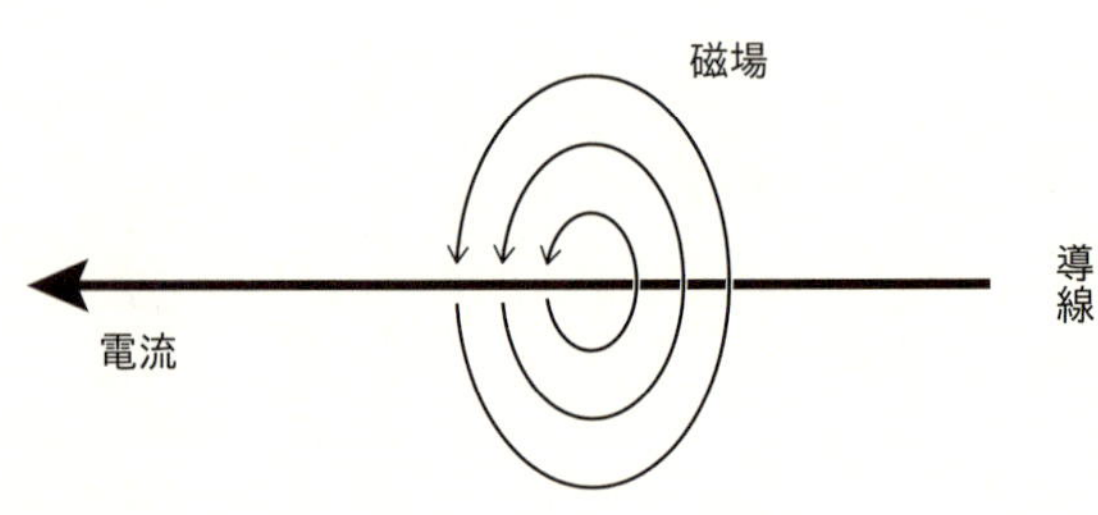

図6-4　電流が作る磁場

事実、鉄を使わずに、単純にクルクル巻いた導線に電気を流しても（弱いですが）磁石になります。さらに言うなら、クルクル巻く必要すらありません。実際、方位磁針の上に導線を置いて、そこに電気を流すと方位磁針が反応します。導線に流れる電流が磁場を作っている証拠です。この実験は簡単で面白いので実際に試してみるのも一興でしょう。

方位磁針の動きから、電流が流れる導線の周りには導線を中心に渦状の磁場が生じる様子が見て取れます（図6-4）。デンマーク人物理学者ハンス・クリスチャン・エルステッドによって偶然発見されたこの現象は、フランス人物理学者アンドレ＝マリー・アンペールによって、

電流の周りには、電流の強さに比例し、
距離に反比例する大きさの磁場が、
導線を取り囲む方向に発生する

という定量的な法則としてまとめられました。この法則は、彼の名前を取って「アンペールの法則」と呼ばれています。

磁場の源は磁石ではなくて、むしろ電流なのです。永久磁石が作る磁場も、実は原子レベルの小さい電流がその源です。電流というのは突き詰めれば電荷の移動ですから、磁場は電荷の運動によって作られるということを意味しています。

電場は電荷から作られ（ガウスの法則）、磁場は電荷の動き（電流）から作られる（アンペールの法則）。電荷とその運動によって発生するこのふたつの場は常に一緒に考える必要があります。

発電の仕組み

電場と磁場は、単純に電荷や電流から作られたらそれっきり、という訳ではありません。実は、磁場そのものが電場を生み出す源になり得るのです。発電はその性質を応用しています。

最近では防災意識が高まっていることもあって、防災グッズを見かける機会が増えました。その中に、発電機能付きのラジオや懐中電灯があります。ハンドルを回すと電気が溜まり、電池がなくても動いてくれるので災害時にはとても役に立つ装備です。

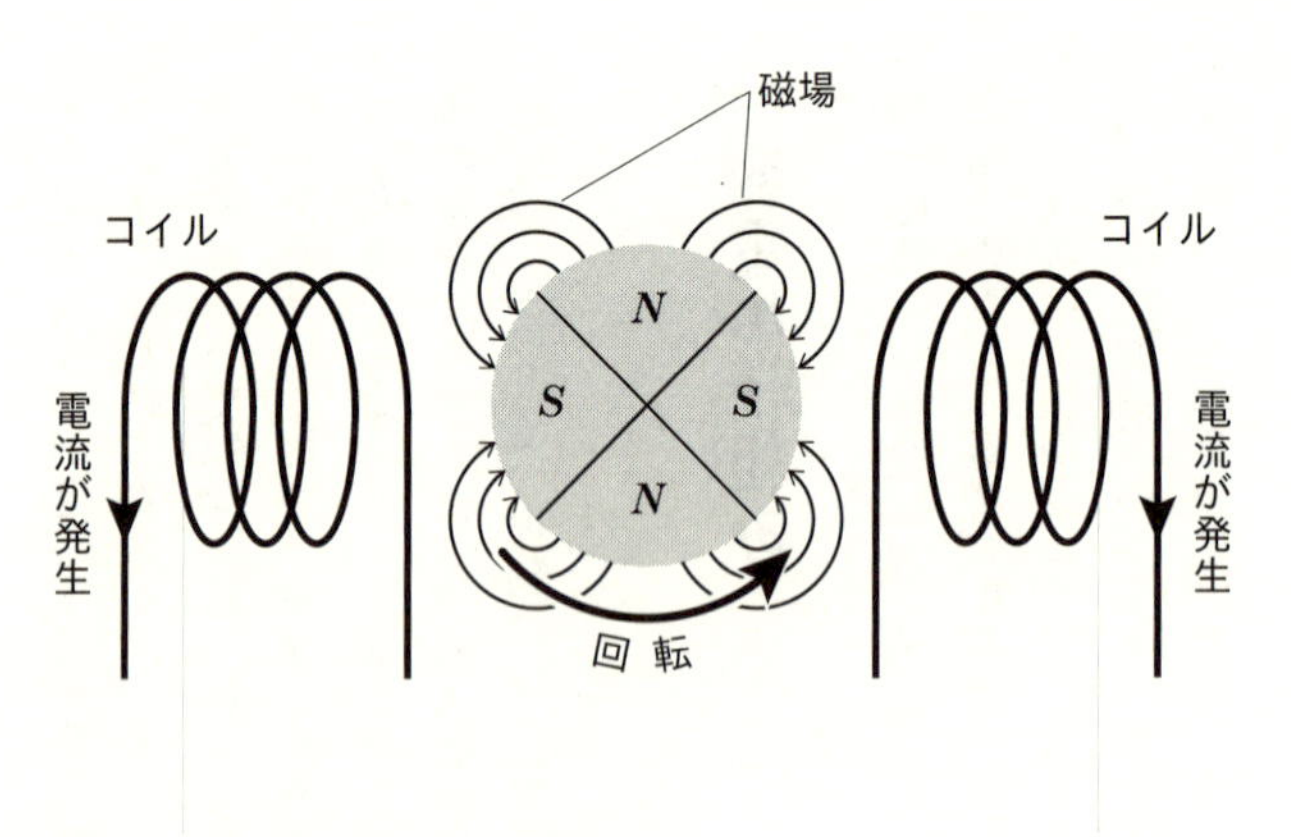

図6-5　**発電機の仕組みの模式図**
磁石が回転すると、コイルの場所の磁場が変化して電流が生じる。

この発電装置を分解すると、ハンドルを回すと磁石が回転する仕組みになっていて、磁石の周りにはコイルが配置されています。この仕組みから、磁石が回転するとコイルに電流が流れるのだと理解できます（図6－5）。

磁石の周りにはN極からS極に向かう方向に磁場が作られていますから、磁石が回転することによって磁場もまた回転します。

局所性から、コイルが知ることができるのは自分のいる場所の磁場が刻一刻と変化しているという事実だけです。その結果起こる現象が「コイルに電流が流れる」です。

電流は電荷の移動ですから、コイルに電流が生じたということは、導線内の電子に、コイルに沿う方向に渦状の力が働いたということです。

そして、電荷に力を及ぼす存在は電場以外あり得ません。因果関係を整理すると、

磁場が時間的に変化すると、その周りに渦状の電場が生じる

と結論できます。これが発電の原理で、発見者の名前にちなんで「ファラデーの電磁誘導の法則」と呼ばれています。電場は、電荷だけでなく、「磁場の時間変化」からも発生するのです。

マクスウェルの一撃

さて、色々な法則が登場して頭がごちゃごちゃする頃ですから、ここで一度状況を整理しましょう。これまで登場した電場と磁場にまつわる法則は次の3つです。

①　電荷からは電場が湧き出す（ガウスの法則）
②　電流は磁場の渦を生み出す（アンペールの法則）
③　磁場の時間変化は電場の渦を生み出す（ファラデーの電磁誘導の法則）

さらに、「単独の極だけを持つ磁石」が存在しないことを考慮に入れて、

④ 磁場には湧き出し口がない

という経験則を加えましょう。

この4つの法則を眺めていて、「何かちぐはぐだな～」と感じた方はいるでしょうか？ もしそのように感じたら、なかなか鋭い感性をお持ちです。

特殊相対性理論の章に登場したマクスウェルがまさにそうでした。磁場の時間変化は電場を生み出すのに、電場の時間変化は磁場を生み出さないのだろうか？ マクスウェルはそれが気になって仕方がなかったのです。

マクスウェルが注目したのはガウスの法則です。電荷が電場を生み出しているのだから、電荷が動けば電場も動くはずです。そして、電荷が動いたものが電流ですから、乱暴なことを言えば、電場の動きも電流の一種とみなせるのではないか？ これがマクスウェルのアイディアです。

そこでマクスウェルは、アンペールの法則を、

②′ 電流、及び、電場の時間変化は磁場の渦を生み出す（アンペール・マクスウェルの法則）

と書き換えました。確かにそうしてみると、4つの法則全体に電場と磁場の役割が入れ替わっても法則が変わらないという非常に美しい対称性が現れます（もちろん電荷と電流にも必要な変形が必要ですが）。マクスウェルは、元の法則にはこの美しさが足りないと直感した訳です。

本来なら、法則を書き換えるなら実験的な裏付けがなければいけません。ところがマクスウェルは、実験的な証拠は一切ないまま、「その方が美しいから」という、思わず頭を抱えたくなる理由でアンペールの法則を書き換えてしまったのです。

問題は、書き換えられた法則が現実を正しく反映しているかどうかです。それが確認できなければ、いくらその結果が美しくても、正しい法則と認める訳にはいきません。もちろんマクスウェルもそれを認識していて、この変形が正しくなければ生じ得ない物理現象の存在を予言しました。それが電場と磁場の波、電磁波です。

電場と磁場の波

例えば、電荷がひとつ置かれていたとしましょう。電荷からは、ガウスの法則に従って図6-3のように電場が湧き出しています。その電荷が、バネに繫がれたボールのようにビヨンビヨンと往復運動したとしましょう。すると、電荷から離れた場所にある電場も電荷につられて動きます。これは紛(まぎ)れもなく「電場の時間変化」です(図6-6)。

電場の時間変化は磁場の渦を生み出すはず、というのがマクスウェルの予想でした。この予想が正しいとすると、電荷の周りで動き続ける電場の周りに渦状の磁場が形成されるはずです。電荷が振動していることから、元々の電場も変化を続けており、結果として作られた磁場もそれに応じて変化を続けます。これは「磁場の時間変化」に他なりません(図6-7a)。

磁場が動くと、ファラデーの電磁誘導の法則に従って電場の渦が形成されるのでした。この渦は、先程の磁場を取り囲むように作られます(図6-7b)。そしてその電場の時間変化がさらに磁場の渦を生み出して(図6-7c)……という具合に、まるで編み物のように電場と磁場がお互いにお互いを生み出し合いながら空間を伝搬します(図6-7d)。この波が以前も登場した「電磁波」です。図6-7では一方向のみを取り出して描きましたが、もちろんこれは全方向

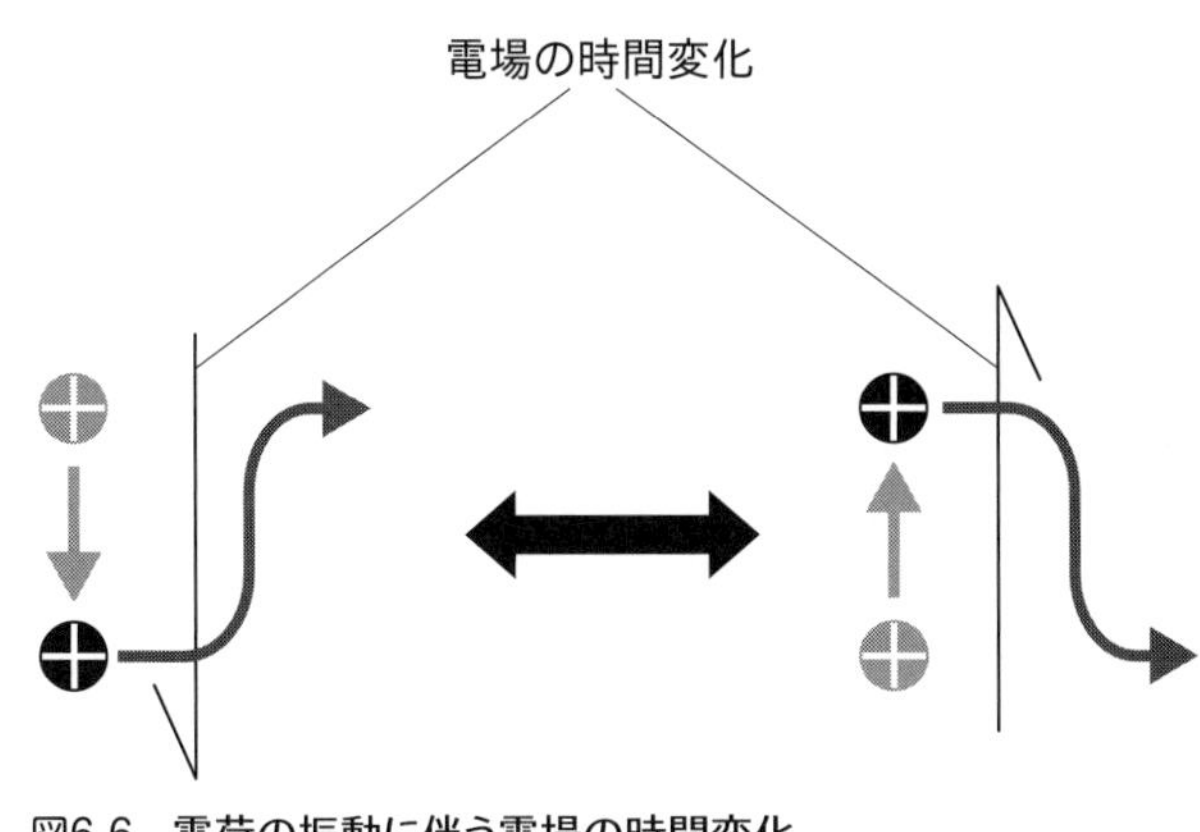

図6-6　電荷の振動に伴う電場の時間変化

に伝搬します。

　ここでは省略しますが、４つの法則をきちんと数学的に書き下して、今の説明を丁寧に追いかけると、この波のスピードが秒速30万km、すなわち光速になることが導けます。

　この説明からも分かる通り、電磁波を予言するためにはマクスウェルが直感したアンペールの法則の変形が欠かせません。逆に言えば、電磁波が現実世界に存在することが確認できれば、マクスウェルの美的センスによって見出された法則が自然界に採用されていることの証明になります。

　それだけではありません。電磁波が実際に観測されれば、それは光が本当に電磁波であることを証明し、電磁場こそがエーテルであることが確定します。

　さらには、局所性を確保するために導入した

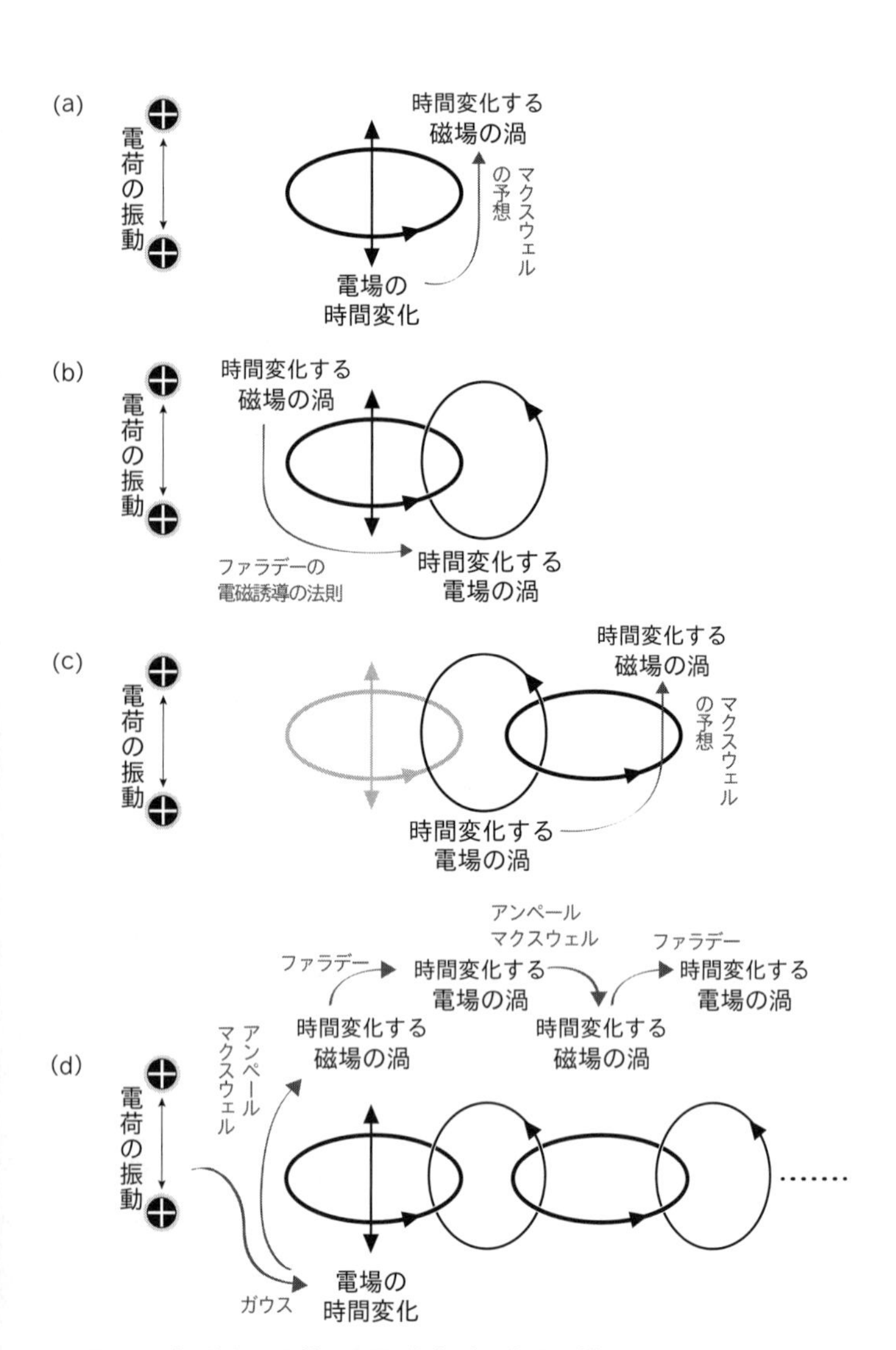

図6-7　振動する電荷から電磁波が発生する様子

「場」が、単なる理論の産物ではなく、この世界にリアルに存在するものであることの証明にもなります。「電磁波が実在するか否か」は、これまで積み上げてきた様々な仮説の正しさを占う鍵なのです。

電磁波の存在は、1888年にハインリヒ・ヘルツによって確認されました。間隔を空けた金属の間に高電圧をかけて火花放電を起こし、離れた所に少し隙間を空けたリング状の金属を置いておきます。するとどうでしょう。電源に接続された金属が放電を起こすと、離れた所にある金属リングの隙間にも放電が起こるではありませんか！　最初の放電によって生み出された電磁波が伝搬して、離れた所にある金属中の電子を動かしたのです。

電磁波は実在し、マクスウェルの変形は現実を正しく反映していたということです。残念ながらマクスウェルはこの実験結果を見ることなく亡くなってしまいましたが、おそらく科学史上初めて、理論的な整合性が実験事実よりも先行した例ではないかと思います。

ちなみに現代ではあらゆる場所で電磁波が使われているのはご存じの通りです。テレビやラジオはもちろん、携帯電話、赤外線通信、衛星通信などは全て、情報を電磁波の形で発信します。空間を伝搬してきた電磁波は、受信者が構えるアンテナ中の電子を揺さぶり、そこに電流を発生させます。受信者はその電流から情報を読み取る、というのが電磁波を利用した通信の原理です。

ちなみに、私たちの目が光を感知できるのも同じ仕組みです。光は電磁波ですから、目に光が飛び込むと、網膜にある視細胞内の分子が電場の波によって揺さぶられて視神経に電気信号を流します。視界はその電気信号を脳が処理することで作られています。目はアンテナなのです。こうした現象の全てが、マクスウェルの理論の正しさを物語り、ひいては、電場・磁場が実在であることを物語っています。

アインシュタインの見た夢

こうして変形されたアンペールの法則を含む4つの法則は、まとめて「マクスウェル方程式」の名で呼ばれています。

この方程式は美しいだけでなく、電磁場の運動を正しく予言する能力を持つ、言わば電磁場の運動方程式です。電荷によって生み出された電磁場は電磁波（光）として伝搬し、離れた場所にある電荷に力を及ぼします。これこそ、電磁気力が働く仕組みです。標語的に言うなら、光は電磁気力を媒介するのです。

先程述べたように、私たちの身の周りの力は全て重力と電磁気力に還元されます。重力は時空の揺らぎが、電磁気力は電磁場の揺らぎが仲介します。場の種類や場を揺らがせる元になるものこそ違いますが、物体が場を刺激し、刺激された場が他の場所にある物体に作用する、という構造は全く同じです。

この偶然とは思えない類似性を見て、その背後にまだ見ぬ自然法則があるはずだと考えるのはとても自然なことです。実際アインシュタインは、一般相対性理論を作り上げた後、宇宙には見えない次元が隠れていて、私たちが目にしている重力と電磁気力は高次元の宇宙に働く重力が別の形で顕れたものなのだろう、という仮説を立てて、ふたつの力を高次元の重力として統一しようと試みました。

結果から言えばこの試みは失敗したのですが、現代の視点から見るとその理由ははっきりしています。実は、光（と物質）には、ミクロレベルにもう一段階深い特性が隠れているのですが、アインシュタインの時代にはそれがまだ分かっていなかったのです。その内容はこれからお話ししますが、この特性を考慮することなしに重力と電磁気力を同列に理解することはできません。

ですが、逆に言えば、光や物質のミクロレベルの振る舞いを眺めると、一般相対性理論だけからは決して窺い知ることのできない、物質と時空の間の深い類似性が見えてきます。実はそれが、アインシュタインが夢見た「力の統一」の現代版に繋がっていくのですが、その話をするには、まだ少し準備が足りません。この話題にはもう少し後で触れることにしましょう。

もうひとつのジレンマ

閑話休題。光の話を先に進めましょう。光が絡むありふれた現象のひとつに「物体に光が当たると電子が飛び出す」というものがあります。「光電効果」と呼ばれるこの現象、一見不思議に感じますが、光が電磁波であることを思い出すと、電場の振動が物質中の電子を揺さぶって外にはじき飛ばすという、起こるべくして起こる現象であることが分かります。

光電効果の存在自体は19世紀には確認されていて、その特性を調べる実験がおこなわれました。真っ先におこなわれたのは、当てる光の色や明るさを変えたとき、飛び出してくる電子の数やエネルギー（速さ）がどう変わるか、という素朴なものです。実際の実験結果を見る前に、これまでの知識を使って結果を予測してみましょう。

光電効果は、平たく言えば光のエネルギーが電子に渡される現象です。物質中の電子は、静電気力によって原子核に引きつけられることで物質内に束縛されていますから、その束縛を断ち切るのに十分なエネルギーを獲得しない限り、電子は物質外には飛び出せません。逆に、その大きさのエネルギーさえ超えてしまえば、電子が獲得するエネルギーが大きいほど飛び出す電子のエネルギーも大きくなり、一般にはその数も増えるはずです。

そして光は電磁波です。電磁波が持つエネルギーはマクスウェルの理論を通じてよく研究されていて、明るい（振幅が大きい）光ほど大きなエネルギーを持ち、照射時間に比例したエネルギーを物質に供給できることが分かっています。ついでに付け加えると、電磁波の振動数（1秒間に揺れる回数）は光の色に対応します。振動数が大きくなるにつれて光の色が赤から橙、黄、緑を経て、青、藍、紫へと変化するのです。

これらを総合すると、当てる光が明るいほど飛び出す電子の数もエネルギーも大きくなるはずです。そして、仮に暗い光であっても、長時間照射してエネルギーを溜めれば電子が飛び出すと予想できます。もちろん19世紀の物理学者たちも同じ予測をして実験に臨みました。

ところが、実際に実験をすると、結果は次のようになります。

(1)　ある一定の振動数よりも小さい振動数の光をいくら明るくして長時間当てても、電子は飛び出さない。

(2)　その振動数を超える光を当てると電子が飛び出すが、その光をいくら明るくしても電子の最大エネルギーは変わらず、飛び出す電子の数だけが増える。

(3) 電子が飛び出しているとき、光をいくら暗くしても必ず電子は飛び出し、電子の最大エネルギーは変わらない。

いっそ清々しい程の予想外です。電子の最大エネルギーが光の明るさや照射時間に一切関係しないのはどう考えてもおかしいですし、この現象が振動数と関係する点に至ってはもはや意味不明です。

ですが現実は現実。光が波であることは間違いないのに、光が波であるとすると光電効果が説明できません。これが19世紀の物理学者を悩ませたもうひとつのジレンマです。

ジレンマの解決

このジレンマを解決したのはまたもやアインシュタインです。アインシュタインは、光が次のような存在であると仮定するだけで、光電効果がごく自然に説明できることを示しました。

光は波であると同時に粒子の集まりでもあり、光を構成する粒子の運動エネルギーは、その光を波として見たときの振動数に比例する。

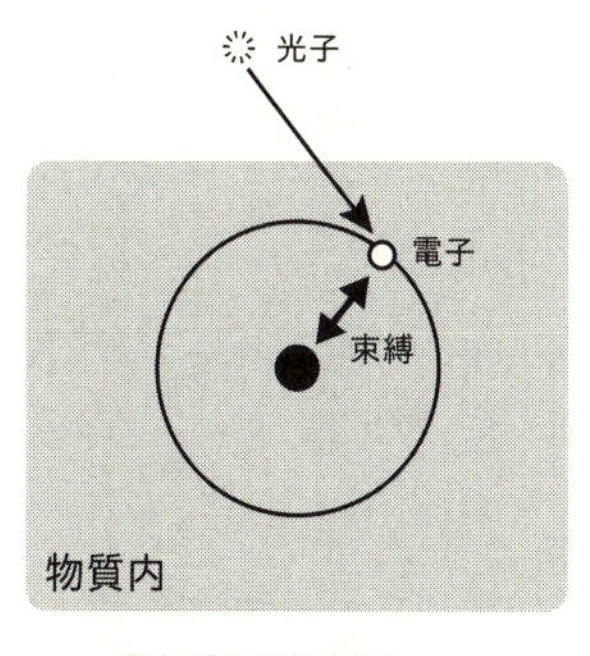

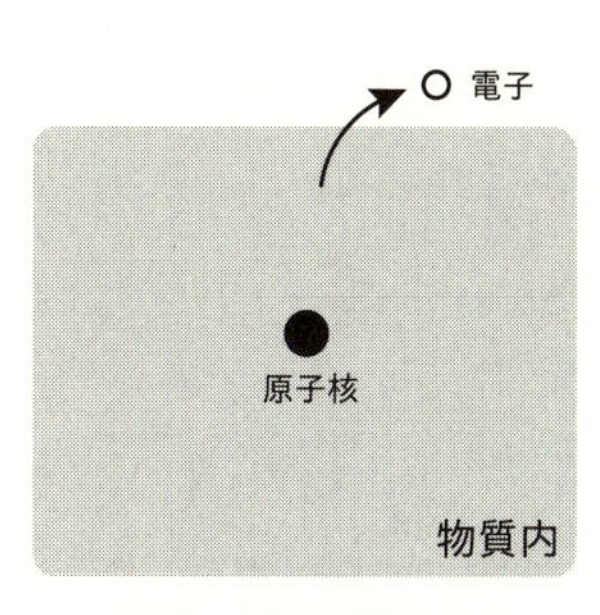

図6-8　光電効果が起こる仕組み

この仮説は「光量子仮説」と呼ばれ、光を構成する粒子には、現在では「光子」という名前が付いています。光を波と考えたとき、その振動数が色に対応していたことを思い出すと、赤い光よりも青い光の方が高エネルギーの光子で構成されていることになります。また、波として見たときの光の全エネルギーは明るさで決まっていたので、明るい光はたくさんの光子でできていることになります。

この仮説が何を意味しているかは後でじっくり考えることにして、まずはこれを認めたら光電効果の予想がどう変わるのかを見てみましょう。

まず、光を改めて粒子（光子）の集まりとみなして、光電効果は１個の光子が電子に吸収されることで引き起こされる現象である、と考え直すことにしましょう（図6－8）。

物質中に束縛された電子が外に飛び出るためには、その束縛を断ち切るのに十分なエネルギーが必要なのは先程と同様ですが、今の場合、電子にエネルギーを供給するのは光子なので、光子1個のエネルギーが十分に大きい必要があります。光量子仮説が正しいとすると、光子のエネルギーは振動数に比例するので、ある一定の振動数以下の光をいくら当てても電子は飛び出さないはずです。早速(1)の結果が説明できてしまいました。

逆に、光子が十分なエネルギーを持っていれば電子は束縛を振り切れるので、光子のエネルギーが一定以上、すなわち、振動数が一定以上の光を当てれば電子が飛び出るはずです。

また、1個の光子が1個の電子に吸収されることを考えると、光子の数が多いほど、すなわち、光が明るいほど、飛び出す電子の数は多くなるはずです。ただしその場合も、光子の数が増えているだけで、一個一個の光子のエネルギーは同じなので、飛び出す電子の最大エネルギーは変わらないはずです。これは(2)の現象そのものです。

逆に光を暗くすると光子の数が減るので、飛び出す電子の数が減るはずです。ですが、振動数が変わらない以上、光子1個のエネルギーは同じなので、飛び出す電子の最大エネルギーは変わらないままです。これは(3)に他なりません。

という訳で、光を波と考えていたら全く意味の分からなかった光電効果の実験結果が、光量子仮説を仮定することでむしろ当たり前の結果として説明できてしまいました。事実、現在では光電効果以外にも、光が粒子の特性を併せ持つと考えなければ説明できない現象がたくさん見つかっていて、今や光量子仮説は、自然界を説明するために必要な原理のひとつです。

ちなみにアインシュタインがこの仮説を主張したのは１９０５年。特殊相対性理論の発表と同じ年です。アインシュタインはこの功績によってノーベル賞を受賞しています。

ついでに、よく誤解されるので付け加えておくと、光電効果は自由電子ではなく、軌道電子に対して起こります。光子の運動量は小さいので、電子が物質から飛び出すためにはどうしても原子核からの反跳が必要になるからです。

波と粒子の二重性

これもよく誤解されますが、光量子仮説は「光の正体は粒子である」と主張している訳ではありません。光が波であるというのは正しいけれど、光が粒子であるというのも同時に正しく、光は波と粒子というふたつの顔を持っている、と主張しているのです。これを「波と粒子の二重性」と呼びます。

実際、光量子仮説に登場する「運動エネルギー」が意味するのは粒子１個が持つエネルギーで

あるのに対し、「振動数」は波の概念です。それらが比例するということは、両者は、

【運動エネルギー】＝【ある定数】×【振動数】

という関係で結ばれることになります。この式は、波的な見方と粒子的な見方が「ある定数」を通じて関連付けられている、と言っています。この定数は「プランク定数」と呼ばれ、いわば波と粒子の二重性を特徴付ける量です。時間と空間という異なる概念が、光速という定数を通じて結ばれたのと似ています。

例えば、先程触れたように、光が持つ「色」は光を波とみなせば波の振動数の顕れと理解されます。これはこれで正しいのです。一方、光量子仮説によると光子の運動エネルギーは振動数に比例するので、光を粒子の集まりとみなせば「色」は光子の運動エネルギーの顕れと理解されます。これも同時に正しい、というのが光量子仮説です。

緑色の光は、1秒間に約500兆回振動する波であるとも言えるし、約2エレクトロンボルトの運動エネルギーを持つ光子の集まりであるとも言える、という具合です（「エレクトロンボルト」はエネルギーの単位です）。

光は量子である

ところで、粒子の主な性質を羅列すると、

- ある特定の場所に存在していて、１個２個と数えられる
- １個の粒子はそれ以上分割できない

となります。一方波の特徴は、

- 空間的に広がっていて、１個２個と数えられない
- ひとつの波を分割することができる

です。見ての通り、これらは本来なら相容れない性質です。波と粒子の二重性があるというのは具体的にどういうことなのでしょう？

私たちの常識ではある存在が波ならそれは粒子ではありませんし、粒子ならそれは波ではあり

ません。もちろん粒子の集まりが波を作ることはありますが、「波そのもの」は粒子ではありませんし、粒子が1個になってしまったら波は存在できません。

ところが光の場合、たとえ光子1個であってもそれが波と粒子両方の顔を持つというのが光量子仮説の主張です。突拍子もないアイディアであることは百も承知ですが、光が電磁波であるという事実と、光電効果の実験事実の両方を説明するためには、光がそのような存在であることを認めざるを得ません。身の周りに例えるものがないので具体的なイメージを描けないだけです。

光子は「波でも粒子でもある」というよりは、「波でも粒子でもないけれど、どちらの側面も併せ持つ何か」と言うべきなのでしょう。この二重性をどのように理解したら良いかは次の章で改めてお話ししますが、このような存在を一般に「量子」と呼びます。

光は量子である。これが、20世紀初頭に人類が到達したひとつの理解です。ですが、私たちが今手元に持っている武器はマクスウェルの理論だけです。もちろん、光が電磁場であることも間違いなくて、少なくともミクロな現象が絡まない限り、光や電磁気力はマクスウェルの理論によって正しく記述されます。ですが、マクスウェルの理論から光子を予言することはできませんし、ましてや、電子が光子を吸収するプロセスも説明できません。ミクロな領域での電磁気力を理解するにはまだ何か知識が足りないようです。

そこで次の章では、物質も考慮に入れて、物質と力の関係をミクロレベルで見直します。そこから見えてくる自然界の有り様は、時空の正体に関してひとつの示唆を与えてくれるでしょう。

その視点を獲得した後、いよいよ人類が到達した「時間」の最先端のお話に突入です。

第7章

ミクロ世界の力と物質

全ては量子場でできている

原子のミステリー

原子はプラス電荷を帯びた原子核とそれを取り囲むマイナス電荷を帯びた電子でできている。前章で、こんなことをサラリと書きました。これは様々な実験を通じて確認されている疑いようのない観測事実ですが、その一方で、マクスウェルの理論を知った今の視点から見ると、原子がこんな姿をしていること自体がミステリーであることに気付きます。

まず、電子と原子核は反対の電荷を帯びているので、電磁気力による引力が働きます。だとすると、電子は、ちょうど太陽系の惑星のように原子核の周りをクルクル回っているはずです。さもなければ、電子はあっという間に原子核に衝突して、原子が壊れてしまうからです（図7－1左）。

ところが、これは別の問題を引き起こします。やはり前章で、電荷が振動するとそこから電磁波が発生することを見ました。等速円運動を横から見るとバネの往復運動（単振動）に見えることからも分かるように、円運動というのは縦方向と横方向の振動が組み合わさった運動です。となると、原子核の周りを回転している電子からは絶えず電磁波（光）が放出されるはずです（図7－1中）。

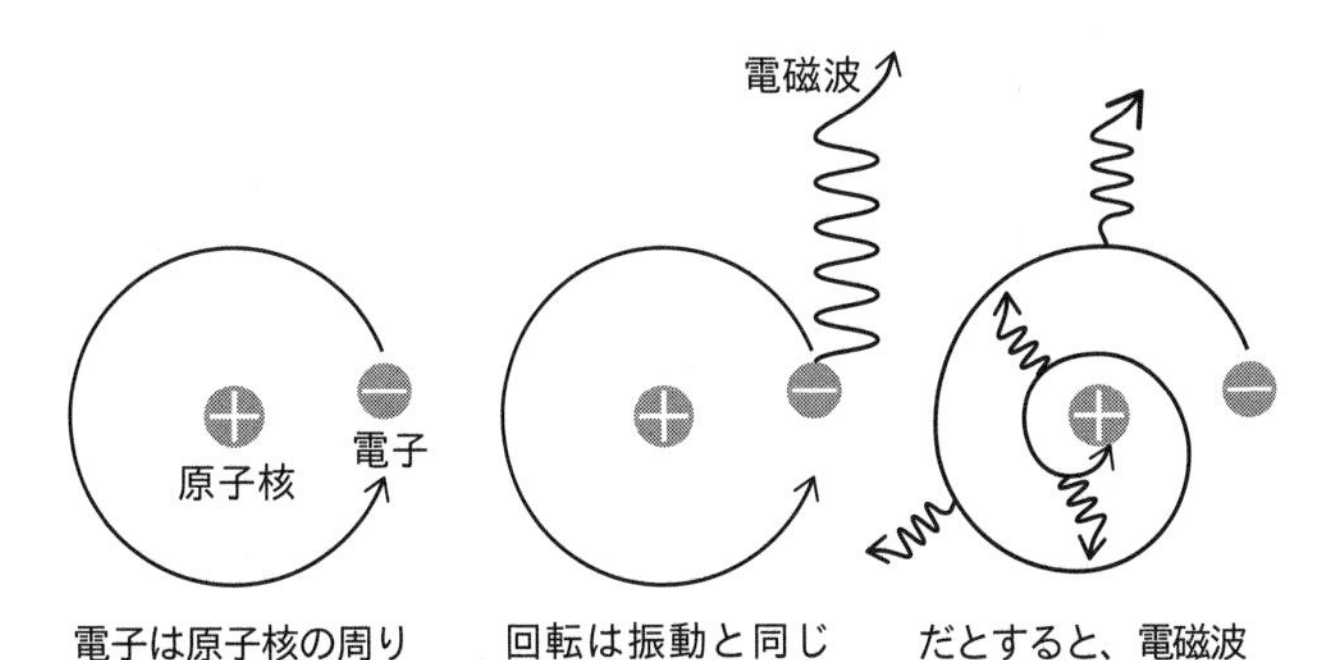

図7-1　原子のミステリー

光は必ずエネルギーを持ちますから、電子はエネルギーを失って速度を落とし、回転半径がどんどん小さくなって、最終的には原子核に衝突してしまうでしょう。いずれにしても、原子は光を放出しながら壊れてしまうはずなのです（図７－１右）。

もちろん現実には、原子は今日も元気いっぱいで、そう簡単に壊れたりしません。しかしその一方で、原子が原子核とその周りを回る電子からできていることは観測事実で、振動する電荷から光が放出されることもまた避けようのない事実。これらを組み合わせると、原子はあっという間に壊れてしまうはずです。あちらを立てればこちらが立たず。まさしくミステリーです。

ですが、これまでもそうだったように、この手のジレンマは、古い理解が限界に近付き、新しい認識が必要になっているサインと見るべきでしょう。

原子が出す光

このジレンマのポイントは、理論的に考えて出るはずの光が原子から出ないことです。では逆に、実際の原子からはどんな光が出るのでしょう？　理論と現実の違いを見れば、どこに認識のズレがあるのかが見えてくるに違いありません。

原子が光を放出する例に炎色反応があります。これは、金属を炎にかざしたとき、リチウムなら赤、銅なら緑、というように、金属の種類に応じて炎に色が付く現象で、花火の色づけなどに応用されています。この独特の色の光は金属原子から直接出ています。他にも、高速道路などで見かけるオレンジ色の明かりは、ガス状にしたナトリウムを加熱するとオレンジ色の光を放つ性質を使ったものです。このオレンジ色もナトリウム原子から出る光です。

通常、光には様々な色（振動数）の光が混ざっています。例えば、太陽光をプリズムに通すと虹色になるのはこのためです。この色の混ざり方を光の「スペクトル」と呼びます。太陽光のスペクトルが連続的なのは、太陽光があらゆる色の光を含んでいることを意味しています（図7－2左）。

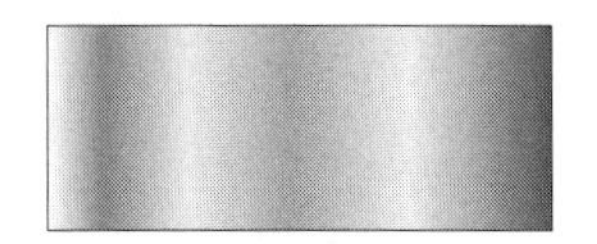
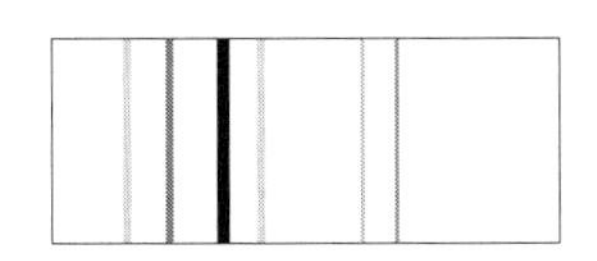

太陽光　　ナトリウムランプの光（原子から出る光）

図7-2　太陽光とナトリウムランプの光のスペクトル
太陽光は色が連続的に分布するのに対して、ナトリウムから出る光は色が飛び飛びになる。

一方、炎色反応やナトリウムランプのような、原子から直接出る光をプリズムに通すと、太陽光と様子が違い、特定の色が飛び飛びに現れます（図７－２右）。この飛び飛びのスペクトル（離散スペクトル）が原子から出る光の特徴です。これが何を意味するのか、少し真面目に考えてみましょう。

光はエネルギーの運び役

繰り返し述べているように、光は電磁場の振動です。電磁場に反応できるのは電荷だけなので、原子から光が出るということは、原子の中の電荷に何かしらの動きがあったということです。原子の場合、原子核は小さくて重いために可視光線を出すような振動ができませんから、光の出所は電子と考えて良いでしょう。

炎色反応やナトリウムランプに共通なのは、熱せられたときに光ることです。熱はエネルギー源ですから、熱せられた際に電子もエネルギーを獲得します。電子がエネルギーを得ると、速度を上げ、原子核からより遠い所を回るようになるはずです。これはちょうど、ゴム紐に結んだ石を回すとき、力を加えて回転速度を上げるとゴムが伸びてより大きな円を描くようになるのと同じ理屈です。

ところで、自然界では通常、大きなエネルギーが1ヵ所に集中した状態は長続きしません。64ページ周辺で説明したように、持っているエネルギーが同じなら、1ヵ所に集中するよりも細かく分散する方が場合の数が多く、確率的にその方が選ばれやすいからです。

今回の電子も同様で、大きなエネルギーを持って原子核から遠くを回る「興奮した電子」は、余分なエネルギーを放出してコンパクトな軌道に移り、エネルギーの小さな「落ち着いた電子」になろうとするはずです。

ここで局所性の議論を思い出して下さい。それによると、電子が関知できるのは電子の周りにあるものだけ。興奮した電子がエネルギーを渡せる相手は、電子の周りの電磁場しかありません。エネルギーを得た電磁場は振動し、電磁波、すなわち光が発生します。熱された原子から出る光は、電子が持つ余分なエネルギーが電磁波の形で放出されたものということです。

さらに、前の章で説明した光電効果のメカニズムを思い出すと、電子と相互作用する電磁波は量子としての光、すなわち1個の光子であると考えるのが自然です。図7－2の右側のような飛び飛びの色の光は、こうしたプロセスを経て電子から放出された光子の集まりと見て良いでしょう。これが「エネルギー」という観点から見た、原子が発光するメカニズムです。

「飛び飛び」が意味すること

このように発生した光の色が飛び飛びになっていることから何が言えるでしょう？

前章の光量子仮説を思い出すと、光子のエネルギーは振動数に比例していて、振動数は光の色を決めているのでした。つまり、光の色が飛び飛びであることは、光子のエネルギーが飛び飛びであることを意味します。

一方、光子は電子が失ったエネルギーを運び去る役目を担っているので、光子の持つエネルギーは、「興奮した電子」と「落ち着いた電子」が持つエネルギーの差に相当します。

これらを総合すると、光の色が飛び飛びであるということは、原子核を回る電子のエネルギー自体が飛び飛びの値を持つことを意味しています。電子のエネルギーは原子核からの距離で決まるので、電子のエネルギーが飛び飛びであるということは、原子核と電子の距離が飛び飛びになっているということです。すなわち、理由はともかくとして、

原子核の周りを回る電子は飛び飛びの軌道にしか存在が許されない

というのが、原子から出る光の様子から推理できる素直な仮説です。

そして、この推理が正しいとすると先程のジレンマが解決します。そもそも電子が光を出せるのは、エネルギーを失った電子に行き先があるからです。

原子核周りの電子が特定の軌道しか回れないとしたら、電子が回ることのできる最小の半径があるはずです。その軌道を回る電子が光を出してエネルギーを失おうとしても、電子にはそこよりも内側に居場所がないので、それ以上エネルギーを失うことができません。結果、電子はそれ以上光を出すことなく、安定して原子核の周りを回ることができます。

この仮説は、離散スペクトルの説明になっているだけでなく、原子が安定である理由にもなっていて、一挙両得なのです。

ボーアの量子条件

歴史上初めてこの結論に辿り着いたのはデンマーク人の物理学者、ニールス・ボーアです。ボーアが素晴らしかったのは、さらに一歩踏み込んで、最も単純な原子である水素原子の電子が持つエネルギーを具体的に計算してしまったことです。

実は当時、水素原子から出る光の離散スペクトルには美しい数学的なパターンがあることがヨハネス・リュードベリによって指摘されていました。先程の仮説が正しいとすると、このスペクトルは飛び飛びの軌道を回る電子のエネルギー差を反映しているので、リュードベリが発見したパターンには電子の軌道の情報が反映されているはずです。

ボーアはこれを逆算して、電子がどんな軌道を回っていたらリュードベリのパターンを説明できるかを見抜いたのです。その結果が、

水素原子を回る電子は、軌道の長さが【プランク定数】／【電子の運動量】という値の倍数であるような円軌道を回る

です。

ちなみに運動量というのは、質量に速度をかけ算したもので、大雑把に言えば「勢い」に相当します。プランク定数は、１６８ページで光量子仮説の説明のときに登場したものと同じです。この条件は「ボーアの量子条件」と呼ばれています。

こんな条件が成り立つ理由は、この段階では全く分かりません。加えて、このやり方を水素原子以外の原子にそのまま適用すると観測結果とずれる、という欠点もあります。それでもなお、

水素の離散スペクトルが完全に計算できるというのは強烈ですし、光量子仮説で登場したプランク定数が唐突に登場するのも示唆的です。量子条件の背後には必ず深い理由が隠れているはずです。

電子よ、お前もか！　～電子もまた量子である～

私見ですが、この背後にあるカラクリに気付いた瞬間こそが、人類の自然観・宇宙観が現代的な理解に向けて一気に加速した瞬間だったように思います。

１９１３年にボーアがこの着想に到達してから11年後、フランスの物理学者、ルイ・ド・ブロイがひとつの仮説に辿り着きました。

電子は粒子であると同時に波でもあり、
その波長は【プランク定数】／【運動量】で与えられる。

これは、言うなれば光量子仮説の電子版で、「物質波仮説」と呼ばれます。

実は、これこそが求めていた秘密です。これから説明するように、この仮説を認めると、電子

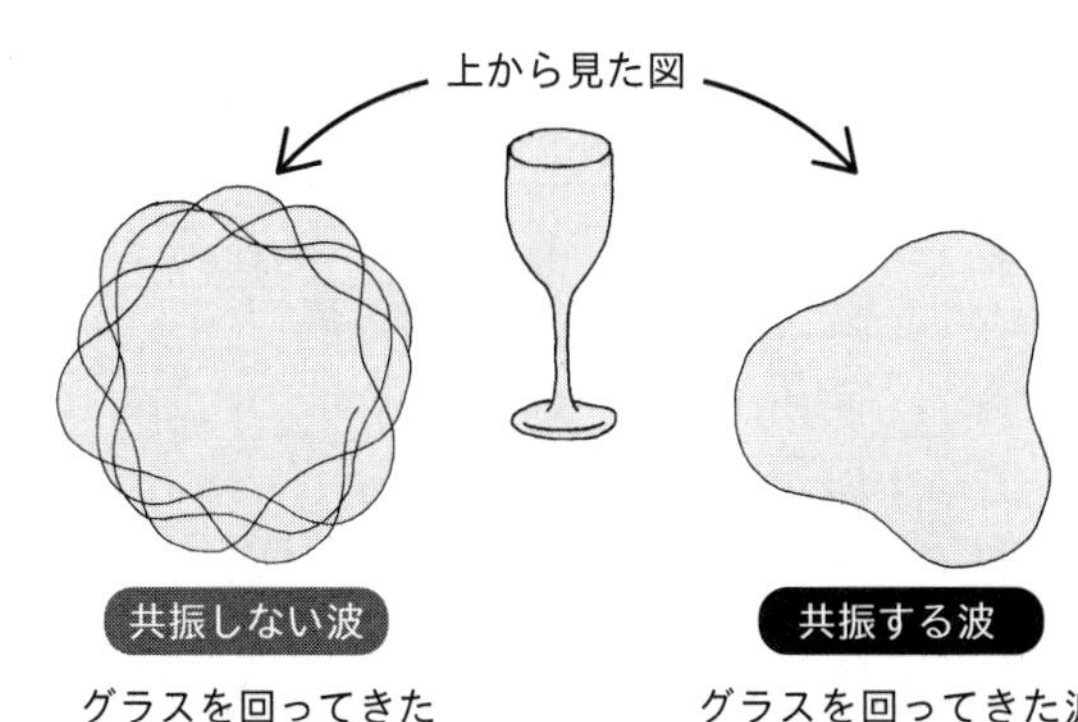

図7-3　グラスに生じる波

が飛び飛びの軌道にしか存在できないのはむしろ必然になるからです。

準備として、グラスを軽く叩いたときに出る音を考えてみましょう。グラスは、どんな叩き方をしても（割れない限り）特有の音色で鳴ります。これは、グラスの振動パターンが決まっているからです。叩いた瞬間には、グラスの表面に様々な波が一斉に生じて一瞬だけ雑多な音が出ますが、ほとんどの波は、元々の振動とグラスを回り込んで戻ってきた振動が相殺してすぐに消えてしまいます（図７－３左）。

生き残るのは、グラスを回り込んできた波とその場所の振動がピッタリと重なるような特定の波長を持つ波だけ。当然、その条件はグラスの大きさや形によって変わります。

こうして生き残った波がグラス全体を振動さ

せ、そのグラス独特の音色を生み出します（図7－3右）。これが「共振」または「共鳴」と呼ばれる現象です。

仕組みから分かるように、これはとても一般的な現象です。形が決まったものは固有の振動パターンを持ち、そこに定常的に存在できる波はそのパターンと同じ波長や振動数を持つものに限られます。例えばギターの弦を弾いたときに決まった音が出るのも同じ原理です。ブランコを漕ぐとき、揺れる周期に合わせて力を加えないとガチャガチャいうだけでうまく漕げないのも、固有の周期に合わない振動がかき消されてしまうからです。

もしも電子が原子核の周りを回る波だとすると、その波が軌道の形とうまくフィットしない限り、電子の波は消えてしまいます。もう少し具体的に言うと、軌道を回ってきた波が回り込む前の波とピッタリ重ならなければならず、そのためには、軌道の長さが電子の波が持つ波長の倍数になっていなければいけません。これはちょうど、図7－3の右側のような状況です。

ここで、物質波仮説の内容を思い出して下さい。それによると、「波長」は〈【プランク定数】／【運動量】〉に置き換えられます。するとどうでしょう。ここで述べた「電子の波が軌道と共振する条件」はボーアの量子条件と全く同じ内容になってしまいます。

つまり、電子が粒子だと考えているうちは不可解だったボーアの量子条件は、電子が波だと考えることで、波が安定して存在するためのごく標準的な条件として理解できてしまうのです。

ド・ブロイがこの仮説を発表してから3年後、結晶構造を持つ物質に電子を当てると電子が干渉現象を引き起こすことが実際に確認されました。84ページで説明したように、干渉は波にしか起こりません。電子は粒子ですが、本当に波の性質を併せ持つ量子だったのです。これは今や科学技術にも応用されていて、例えば電子顕微鏡は光の代わりに電子の波を使って小さい領域を拡大します。

詩的に表現するなら、原子という存在そのものが、電子が波であることを静かに語っていた、ということです。

「存在しやすさ」の波

これまで電子が粒子であると何の疑いもなく信じていたのはなぜかというと、実際に電子を観測すると空間の1点に見つかるからです。例えば、一昔前のテレビに使われていたブラウン管は、電子線が蛍光物質を塗った膜に当たると光る性質を使っています。電子を1個放出すると蛍光膜の1点が光るので、電子の場所が特定されます。観測したときに粒子として見えるなら、観測していないときにも粒子なのだろう、と考えるのは当たり前です。

ところが面白いことに、この当たり前がどうやら思い込みだったらしい、というのが、人類が量子の世界から学んだことのひとつです。原子の周りを回る電子がそうだったように、電子は、場所を特定しようとしないときには波として振る舞うのです。

これをよりはっきり見るために、こんな状況を設定してみましょう。まず、電子が通れるスリットを少しだけ間隔を空けてふたつ用意し、その後ろには蛍光塗料を塗ったスクリーンを設置します。そして、スリットの後ろから電子を1個ずつ放出します。

これは、波の干渉を説明するときに良く登場する「二重スリット」と呼ばれるシチュエーションです（図7－4）。ふたつのスリットに波長の揃った波を当てると、スリットの向こう側では、それぞれのスリットから波が放射状に広がります。スクリーン上では、ふたつのスリットからの距離の差に応じて、84ページの図4－3のような強め合い／弱め合いが起こります。

実際、距離の差が波長の整数倍の場所には波の山と山が同時に到達するので波が強め合い、距離の差が波長の半整数（整数に½を加えた数）倍の場所には、山と谷が同時に到達するために波が消えます。結果、波が強い場所と弱い場所が交互に並び、ストライプ状の模様が生じます。この模様は干渉現象が起こった動かぬ証拠です。

今回、普通の二重スリット実験と違うのは、普通の波ではなく、1個2個と数えられる電子を飛ばす点です。大切なので強調しますが、1回に飛ばす電子は1個だけです。従って、電子を飛ばすごとにスクリーン上には白点がひとつ現れます。これが「電子が到達した場所」です。

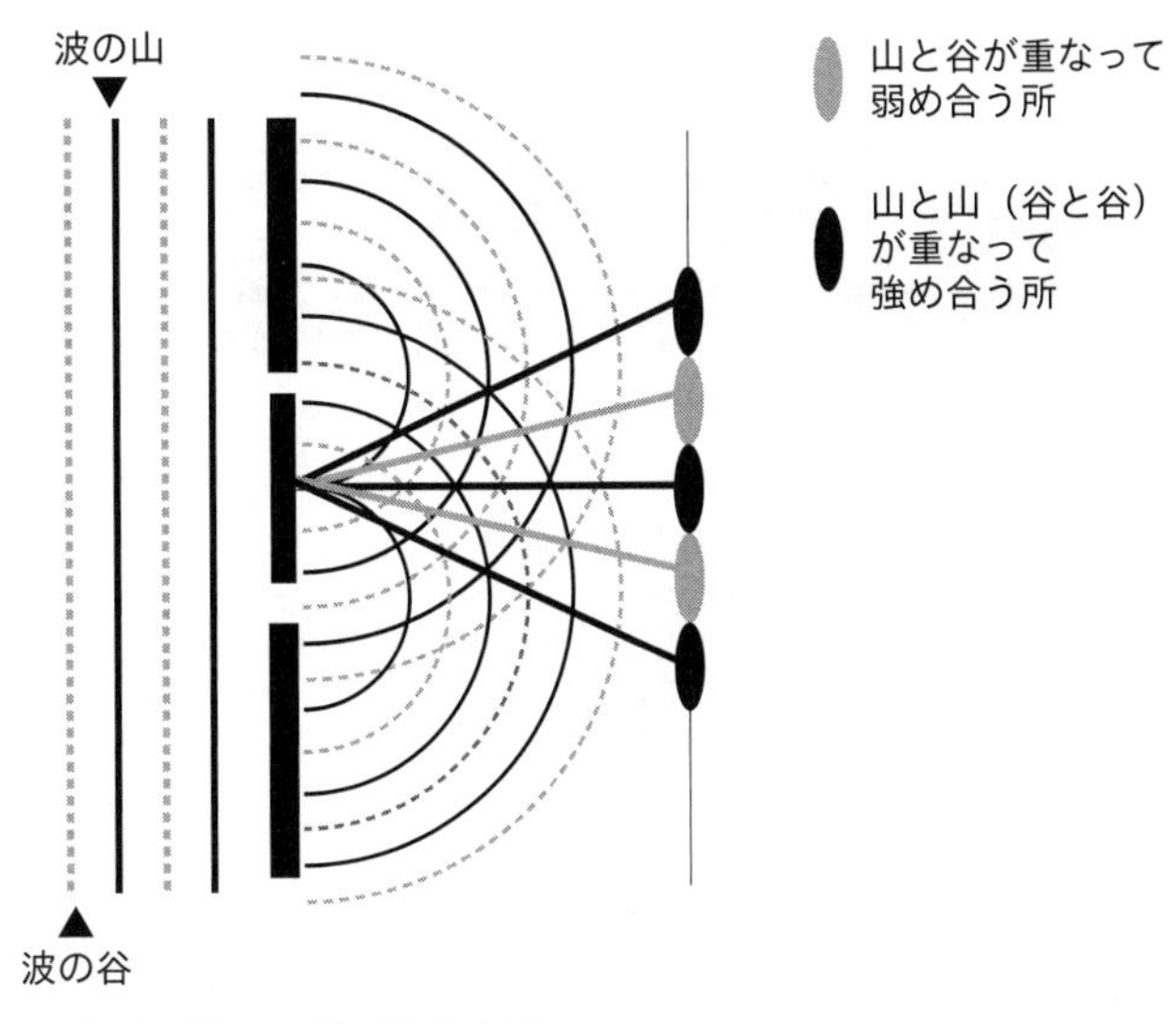

図7-4　波の二重スリット実験

スリットとの距離の差が波長の整数倍の場所には山と山（谷と谷）が同時に到達するので強め合い、距離の差が波長の半整数倍の場所には山と谷が同時に到達するので弱め合って消える。結果、スクリーン上には波が強い所と弱い所が交互に並ぶ。

これをたくさん繰り返すと面白いことが起こります。電子を飛ばすごとにスクリーン上の点は増えていきます（図７－５ａ）。点の配置は、最初はバラバラに見えますが、点が増えるにつれてパターンが見えはじめ（図７－５ｂ）、最後には綺麗なストライプ模様を形成します（図７－５ｃ）。

このストライプは、物質波仮説を使って計算した波長を持つ波が二重スリットに当たったと考えたときにできる模様と全く同じです。

何が起こったのでしょう？

(a)

(b)

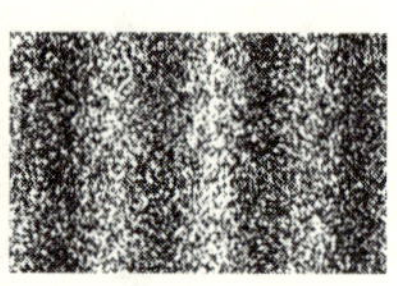
(c)

図7-5　電子の二重スリット実験のスクリーンの様子
電子が到達した所に白い点が現れる。電子をひとつ飛ばす度に白い点がひとつ増えて、それが累積していく。最終的に、点の集合がストライプ状に分布する様子が見える。〈『ゲージ場を見る』（外村彰・著／講談社ブルーバックス）より改変〉

ポイントは、電子ひとつひとつはスクリーン上のどこか一点に到達するということです。それが積み重なって模様を作ったということは、点の密度が濃い場所は「それぞれの電子が到達しやすい所」と考えて良いでしょう。

そして、それがストライプ状に分布したということは、「電子の到達しやすさ」が干渉によって生じているということです。

これは、1個の電子を飛ばしたにもかかわらず、両方のスリットから「電子の存在しやすさ」が波として広がり、互いに干渉したことを意味しています。

ここから推論される仮説はこうです。

電子はそもそも場所が決まっていなくて、たとえ1個の電子であっても、その存在しやすさ（存在密度）が波として空間（時空）上に分布している

「存在しやすさ」を「存在密度」と表現しましたが、これは決して、そこにたくさんの粒子がひしめき合っているという意味ではありません。あくまで1個の電子が空間内に分布している、という意味です。そして、

電子の場所を特定しようとすると、その密度に比例する確率で位置が決定される

と考えるのです。この実験の場合であれば、蛍光塗料を塗ったスクリーンを設置するのが「場所を特定しようとする」という行為に相当します。電子の二重スリット実験の結果はこれで説明できます。

おそらく、即座に反論が飛んでくるはずです。「粒子なのに場所が決まっていないなんてあり得ない！」はい。よく分かります。私も直感的にはそう感じます。ですが、もし電子の位置が本当は決まっているとしたら、ストライプ模様はできません。なぜなら、ストライプ模様は干渉の証で、ふたつのスリットから同時に波が広がって初めて生じるものだからです。

もしも電子の場所が本当は決まっているとしたら、ひとつずつ飛ばした電子はどちらか片方のスリットしか通れないので、模様が現れるはずがないのです。

事実、電子が通ったかどうかを確認するセンサーを両方のスリットに付けて同様の実験をすると、電子が通ったスリットを特定できるようにはなりますが、その代償としてストライプ模様が消えてしまいます。「観測」というのは、量子にとっては我々が思っているよりも遥かに強い相互作用を伴うため、観測を差し挟むと物理現象が変わってしまうのです。

これが「量子」という存在です。誤解を生みやすい表現ではありますが、観測前は波で、観測すると粒子に見える、と言っても良いでしょう。ちなみに、電子だけでなく、光子も同じ性質を持つことが様々な実験を通じて確かめられています。

実際近年では、その性質を積極的に利用して、暗号化された通信技術などへの応用も広がりつつあります。このあたりのお話も面白いですから、興味のある方は文献を当たってみると良いでしょう。

量子は波？　粒子？

さて、この段階でとんでもない自然観に辿り着いたことに気付いたでしょうか？

電磁気力を伝える電磁波は、素朴に波だと思われていましたが、その正体は粒子の特性を併せ持つ量子なのでした。

そして今、素朴に粒子と思われていた電子が、やはり波の特性を併せ持つ量子であることが分かりました。発見のプロセスは省略しますが、原子核を構成する陽子や中性子もまた量子であることが確認されています。

これはすなわち、全ては量子であるということです！

物質も光も力も、およそこの世を構成するあらゆる存在が、波と粒子の二重性という直感の及ばない特性を持つ量子からできている。これが、実験的にも裏付けられた、ミクロ世界の驚くべき姿です。

改めて問います。量子とは一体何者でしょう？

標語的に言うなら「波と粒子の性質を併せ持つ、波でも粒子でもない何か」ですが、これは少々言葉に踊らされている感があります。現実にミクロ世界で起こっている量子現象を正しく理解したければ、もっと具体的で実用的な記述が必要です。

幸い、日常の現象に慣れ親しんできた私たちの手元には、波を扱う方法と粒子の力学という強力な武器があります。もちろん、両方の特性を併せ持つ量子を相手取るにはこれだけでは不十分ですが、それでも、出発点としてこれを使わない手はないでしょう。

すると、差しあたって、量子を波と扱うべきか、それとも粒子と扱うべきかが問題になります。ですが（結果が分かっているから言えるのですが）、実はこれはどちらでも構いません。出発点として波を採用しても粒子を採用しても、最終的に同じゴールに辿り着くからです。変なたとえですが、同じ風景を描くのに、絵の具を使ってペイントするか、鉛筆を使ってスケッチするか、という程度の違いです。

ですが、個人的な感性で言わせていただくと、量子は波であるという立場ではじめた方が分かりやすいように思います。事実、先程の二重スリットの例からも分かるように、電子が粒子に見えるのは観測したときだけで、それ以外のときには干渉をはじめとする波特有の現象を起こしますから、通常時の電子の振る舞いを説明するには波と思った方が簡単です。この事情は光子でも同じです。

もちろん、光電効果や原子からの発光のように、粒子としての光子を考えないと説明できない現象があり、電子が現実に粒子として振る舞う現実がある以上、これらを単純な波と考える訳にはいかないのですが、これらもまた、まずは電子も光子も波と考え、その中に粒子性が現れる仕組みを考えることで自然に理解できます。これからその様子を見ていくことにしましょう。

量子の波は何の波？

という訳で、粒子の側面はとりあえず脇に置いて、まずは光も電子も波であると考えましょう。先程の「存在密度の波」という言い方は背後に粒子があることを連想させますが、その意味もひとまずは気にしなくて結構です。

この波は何が揺れているのでしょう？

ここでもまた、私たちを導いてくれるのは光です。光は電磁場の振動です。そして、91ページで述べたように、「絶対的に止まっている空間（絶対静止系）」が存在できないのと全く同じ理由で、「絶対的に止まっている電磁場」も存在できません。となると、電磁場は通常の物質ではあり得ず、むしろ、時空に張り付いた、時空の一部のような存在と考えるべきなのでした。

これはつまるところ、「時空の内部構造」とでも言える存在です。すなわち、私たちの宇宙に広がる４次元時空は空っぽの器ではなく、その各点各点に「電磁場」という構造が備わっているということを意味しています。そして、この内部構造の振動こそが光です。この世に光があること自体が、時空が空っぽでない証拠なのです。

または、電磁場を（非常に広い意味で）「方向」の一種と考えても良いでしょう。つまり、電磁場を、時空とは別の「内部空間」と思ってしまうのです。事実、電磁場の大きさは時空とは独立に自由に変えられるので、抽象的な意味で方向と考えられます。その意味では、電磁波は内部空間の波、と言うこともできます。

これは電子でも同じです。私たちは今、電磁波と同じく、電子も波と考えています。ということは、4次元時空には、電磁場とはまた別に「電子場」とでも呼ぶべき内部構造（内部空間）が備わっているということです。電子の波はこの内部構造（内部空間）の振動である、というのが、これまでに考えてきたことから素直に導かれる結論です。

さらに、同じことはあらゆる種類の量子（正確に言えば素粒子）について言えます。私たちは今、量子を波と考えていますから、時空には素粒子の種類と同じ数だけの内部構造（内部空間）が備わっていて、その振動が素粒子ということになります。こうした内部構造（内部空間）のことを、改めて「量子場」または、単純に「場」と呼びます。

このことに気付くと、時空の認識は一気に豊かさを増します。私たちが暮らしている時空は、時間と空間の4次元に広がる空っぽの器などではなく、その一点一点にたくさんの内部構造（内部空間）である量子場を備え、素粒子はその振動です。物質や力は（もちろん私たち自身も）、時空そのものが持つ構造の発現なのです！

粒子は量子のハーモニー

さて、量子が場の波であるのは良いのですが、ならばどうして量子は粒子にも見えるのでしょう？

ここで参考になるのが、光電効果を通じて光に粒子性があることが分かったときのプロセスです。

163ページで挙げた光電効果の実験結果は、光が「プランク定数×振動数」の整数倍というう飛び飛びのエネルギーを持つことを示唆しています。アインシュタインの鋭い洞察がこれを見抜いたことで「光は粒子でもある」という結論が導かれ、量子の発見に繋がったのでした。

そう思って電子の例を思い出すと、電子が粒子に見えるのは、スクリーンに当たって生じた点の数が1個、2個……と数えられたからです。ここにも整数という形で「飛び飛び」が現れています。

こうして見ると、粒子性の象徴は「飛び飛び」です。実際、他の例でも、量子が粒子に見えるときには、量子は何らかの形で飛び飛びの構造を示しています。ですから、「どうして量子は粒子にも見えるのか？」という問いは、「どうして波であるはずの量子が飛び飛びの構造を持つのか？」という問いになります。

ところで、実は、私たちは既に、波から飛び飛びの構造が生まれる例に出会っています。183ページで説明した「共振」です。グラスを叩くといつも特定の音が鳴るのは、波がグラスという閉じた領域に閉じ込められて、グラスの形とフィットするような特別な波だけが生き残るためでした。原子核の周りを回る電子の軌道が飛び飛びになる理由も同じです。このように、閉じた領域に波が閉じ込められると、その環境と調和して共振するような波だけが生き残り、一般に飛び飛びの構造が現れます。その意味で、共振は調和（ハーモニー）の別名です。

このアイディアは使えそうです。量子は場の振動ですから、何らかの理由で、その振動が（内部空間の）閉じた領域に閉じ込められているとしたら、共振に由来する飛び飛びの構造が現れないでしょうか？

この予想は半分当たりです。少し難しめ（と言っても大学2〜3年生程度）の数学が必要なので具体的な計算は省きますが、相対性理論に従うような場の運動を考えると、場（正確には運動量モードのそれぞれ）にはちょうどバネに繋がれた重りのような復元力が働くことが分かります。結果、時空の各点でビヨンビヨンと振動するような場の運動が予言されます。（仮想的な）バネのおかげで、目論見通り場の運動が閉じ込められました。ですが、バネの振動をいくら眺めても、それはただの振動です。残念ながらこれだけでは「飛び飛び」は出てきません。「半分」と言ったのはこれが理由で、何かが足りないのです。

実は、おそらくこの本の中で一番の大ジャンプがここなのですが、量子場に「飛び飛び」をもたらす最後の鍵が、次のぶっ飛んだ仮説です。

場はあらゆる可能な振動を同時に起こしていて、

量子とはあらゆる可能な振動の「影響」が干渉した状態である。

干渉しているのが場の振動そのものではなくて、その「影響」（専門用語では「遷移振幅」）なのがミソなのですが、そんな玄人が好きそうなコメント以前に、「あらゆる可能な振動が同時に起きている」というのがそもそもクレージーです。ピッチャーの投げた1個のボールが、キャッチャーとファーストとセカンドに同時に飛んで行くようなものです。

ですが、このクレージーっぷりが量子の本質です。おまけに、この仮説を採用するとうまく行ってしまうのだから仕方がありません。「量子化」と呼ばれるこの仮説の意味と詳細はすぐ後で説明することにして結論から言うと、この「影響」が波として重なり合うことで、今度こそ干渉によって共振状態が生き残り、飛び飛びのエネルギーが実現されます。量子場は、単純に振動しているのではなく、あらゆる振動が重ね合わさった「ぼやけた」状態なのです。

このような場を観測した人は、場が波であるにもかかわらず、エネルギーが飛び飛びになる様子を目にして、そこに粒子があると結論するでしょう。これは欲しかった波と粒子の二重性に他なりません。事実、電磁場や電子場に量子化の仮説を適用する（長いので、しばしば「量子化する」と表現します）と、光量子仮説や物質波仮説を導くことができます。そればかりか、後ほど言及するように、この考え方に基づいて構成された「場の量子論」は、観測される量子現象を正しく予言できます。

となると、量子化は、もはや仮説ではなく、自然界の基本原理と考えるべきです。これまでは、光量子仮説と物質波仮説を適宜使うことで波と粒子を場合ごとに使い分けていましたが、もはやその必要もありません。素粒子は場の振動で、粒子だと思っていたものは、場のハーモニーに由来する飛び飛びの構造が発現したものだったのです。

量子の真骨頂

さて、この説明の中で唐突に登場した「量子化」ですが、実はこれこそが、量子を「波でも粒子でもない何か」たらしめている、量子の真骨頂です。ただ、ここでのお話には少しだけ高度な考え方が登場しますから、すぐに分からなくても気にせず、「そんなもんか」と思いながら読み進めて下さい。

ニュートンの運動法則や相対性理論のような、いわゆる「古典理論」を詳しく調べると、運動ごとに決まる「作用」という関数(正確には汎関数)が自然に登場し、現実に起こる(古典的な)運動はこの関数を最小化します。現代では、ほとんどの古典理論がこれを逆に使い、作用関数を出発点にして、「作用の値を最小にするような運動が実現される」という原理に従って理論が再構成されています（「解析力学」と言って、通常は大学の初年度で習います。１３３ページに登場した「時空の最短ルート」も、実は作用の最小値のことをこのように表現していたのです）。

例えばボールを投げると、ボールは決まった放物線を描いて飛んで行きますが、これが作用を最小化する運動です。このように、（最初の状態を指定すれば、）作用を最小化するような運動は通常１通りしかないので、粒子にしても波にしても、古典理論が予言する運動は１通りに定まります。

これは日常的に経験することなのでもっともらしく感じますが、その反面、これは非常に厳しい、がんじがらめのルールです。例えばボールの運動なら、可能性で言えば、円を描きながら飛んだり、ジグザグに進んだり、月に行って戻ってきたり、ありとあらゆる運動を想像できますが、そのような運動は作用関数を最小化しません。

「作用関数が最小であるような運動しか許さない」というのが古典理論の絶対法則ですから、そんな破天荒な運動はおろか、悪戯心を出してちょっとだけ最短経路から外れたような運動でもアウトです。運動が１通りに定まるというのは、厳しい掟の結果なのです。

量子の世界ではこの鉄の掟が緩められています。

より具体的には、運動にはあらゆる可能性が許され、同時存在します。それこそ、アンドロメダ銀河まで行って戻ってきてもＯＫです。時間をさかのぼったって構いません（ちなみにこれが反粒子です)。

ただし、これがポイントなのですが、それぞれの運動には作用関数とプランク定数から決まる振動が付随すると考えます。これが、先程「影響」と表現した量です。あらゆる運動を考えはしますが、その代わり、付随する振動を全て足し合わせるのです。これが量子化です。

この振動は、作用関数の値が大きいほど速くなります。結果、作用関数を極小にするような運動以外は、ちょっと運動の様子を変えると振動数が大きく変わるため、周辺の運動が干渉し合って影響が消えてしまいます。そのため、実質的には、作用の極小値からプランク定数程度の幅に収まるような運動だけが生き残ることになります。その意味で、プランク定数は古典理論の厳密な縛りをどの程度緩めるか、という度合いに対応すると言っても良いでしょう(量子理論のプランク定数をゼロにすると古典理論になるのはそのためです)。

また、場の運動が重りに繋がれたバネのように制限されていることを反映して、付随する振動は閉じ込められた波のように振る舞います。これは、飛び飛びの構造が現れる状況そのものです。その結果として、波でありながら粒子性を持つという、波と粒子の二重性が実現されるのです。

注意しなければいけないのは、量子はあらゆる可能性が同時存在して「ぼやけて」いるということです。この「ぼやけ」は、内部空間だけでなく、通常の時空にも及びます。結果、粒子の場所は、本質的な意味で決まっていません。ただ、場の振幅が大きい場所は必然的に粒子数（の期待値）も多いので、粒子がそこで見つかる可能性は高くなります。量子の波が粒子の存在密度に見えた理由がここにあります。

余談ながら、量子場から生じる粒子数を固定すると、量子場（の期待値）は量子力学で登場する波動関数になります。場の量子論は量子力学よりもずっと大きな枠組みなのです。

力も量子のハーモニー

量子場の振る舞いを理解したければ、まずは考えている素粒子を波と考えて作用関数を構成し、それを先程の意味で量子化せよ。人類がこの理解に至るために辿った長い紆余曲折を語る余裕がないのは残念ですが、これが「場の量子論」を構築する方法のひとつです。

例えばこの手続きを電磁場に適用すると、マクスウェルの理論は光子の理論に進化します。これこそが、懸案になっていた「ミクロ世界でも成り立つマクスウェルの理論」です。

さらに、ここに量子化した電子場を加えると、電子と光が関わる現象を全て説明する「量子電磁気学」が生まれます。

量子化の結果生き残るのは、広い意味での共振状態です。従って、この理論の枠組みでは、電

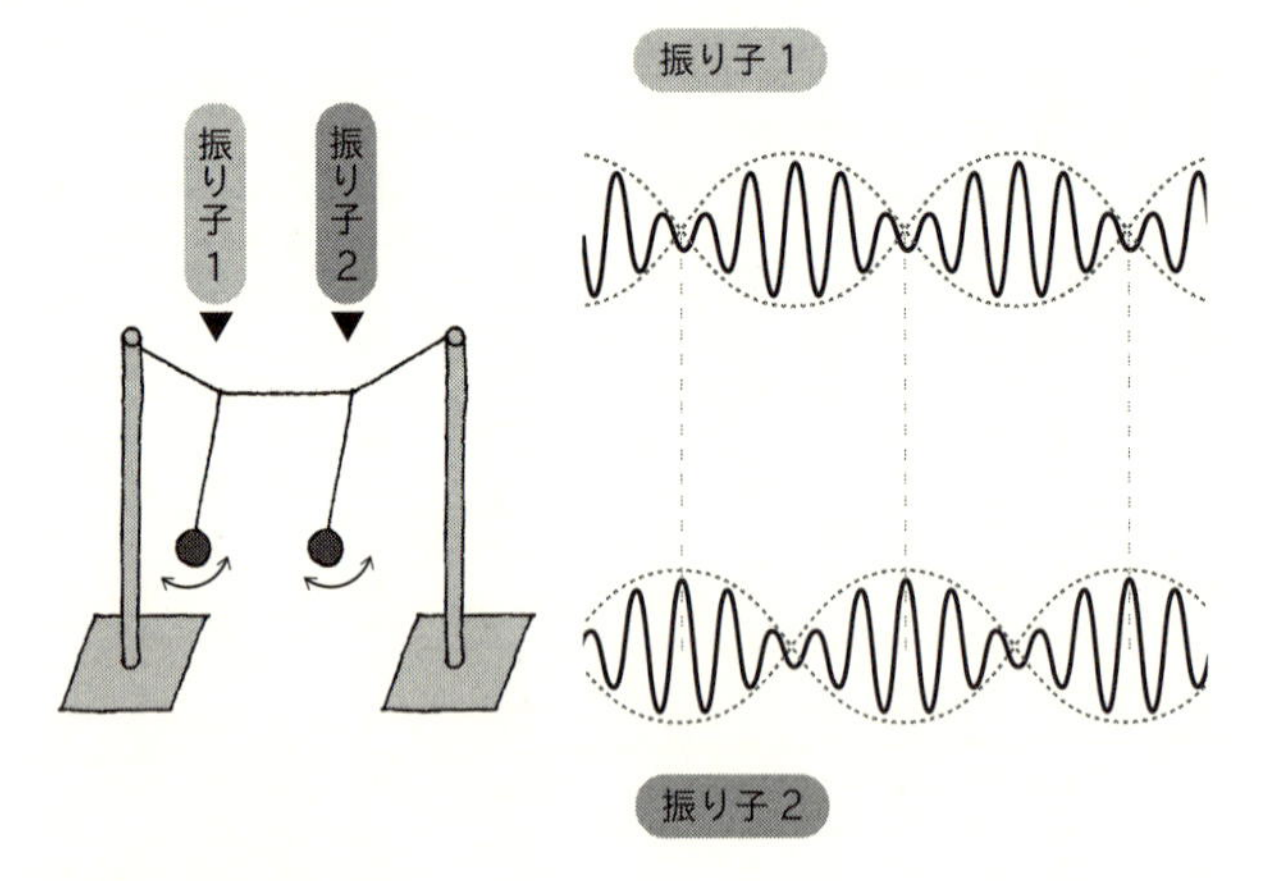

図7-6　連成振り子

長さの揃った2個の振り子が共振し、振動のやりとりが起こる。片方の振り子が静止するとき、もう片方の振り子が最大の振れ幅になる。見ていても大変楽しい。

子同士の反発、光電効果、原子からの発光など、電子と光が関わるあらゆる現象が、電子場と電磁場という2種類の波の共振として理解されます。

例えば、1本のロープにぶら下がった（長さの揃った）2個の振り子の片方を揺らすと、ふたつの振り子の間に振動のやり取りが起こります（図7－6）。「連成振り子」と呼ばれるこの現象の本質は、2個の振り子とそれを繋ぐロープが一体となって振動する共振現象です。

電子同士が反発するのはこれと同じ原理です。2個の振り子が電子の波、それらを繋ぐロープが電磁場です。一般向けの解説書で、片方の電子が光子を放出し、それをもう片方の電子が受け取ることで反発力が働く、という説明を読んだことがある方もいると思いますが、これも共振の近似と理解する方が正確です。

連成振り子の例で言えば、片方の振り子の振動がロープに伝わり、ロープの振動がもう片方の振り子を揺らす、というのはもちろん間違っていませんが、近似であることは分かると思います（もっとも、量子電磁気学の場合には、この近似だけで電子間の長距離力を完全に再現してしまうのですが）。量子の間に働く力もまた、量子が作り出す調和（ハーモニー）の結果なのです。

ちなみに、これまでは触れませんでしたが、素粒子の間に働く力には、電磁気力とは別に「弱い力」「強い力」というセンスの欠片もない名前で呼ばれる2種類の力があって、それぞれ「ウィークボゾン」「グルーオン」と呼ばれる量子場によって媒介されています。

例えば、中性子はウィークボゾンとの共振を通じて電子と陽子と反電子ニュートリノに分裂します。これが弱い力によって引き起こされる代表的な現象であるベータ崩壊です。

また、クォークはグルーオンと一緒に陽子や中性子を構成します。これが強い力の現れです。陽子と中性子をひとまとめにして原子核を構成しているのも同じく強い力です。

電磁気力を媒介する光子、弱い力を媒介するウィークボゾン、そして、強い力を媒介するグルーオンは、まとめて「ゲージ場」と呼ばれます。

量子場が織りなす物質世界

このように、時空はその各点各点に動的な内部空間である場を構えていて、その量子的な振動状態が素粒子の正体です。物質を作る量子場と、力を伝える量子場であるゲージ場が調和し、（広い意味で）共振し合いながら運動する。これがミクロ領域における物質世界の姿です。

皆さんが今読んでいるこの本を拡大するとこんな世界が広がっているなど、にわかには信じがたいと思うのですが、この方法で量子現象が正しく説明できる以上、実験の精神に基づいて、この自然観は「正しい」のです。

さあ、これで準備が整いました。ここまで辿り着いた今、時間とは関係ないように思える「力」と「物質」に丸々2章を費やした理由が分かっていただけると思います。力も物質も時空の一部だからです。

この視点を獲得した今、「時間とはなんだろう?」という問いかけに答えるための武器は一般相対性理論だけに留まりません。時間・空間・物質・力が一体となった宇宙の姿とはどのようなものなのか。いよいよ最先端のお話に突入です。

第8章

量子重力という名の大統一

時間とはなんだろう？

旅路を振り返って

「時間とはなんだろう?」という素朴な疑問に答えるために、物体の運動を支配する法則から垣間見える時間の姿を眺めてきました。長い道のりもあとわずかです。最後の道のりを歩きはじめる前に、これまでの旅路を振り返ってみることにしましょう。

私たちが普段思い描いている「絶対時間」という時間の姿はニュートンの運動法則によって形を得たものでした。そして、「一方向にしか進まない」という時間の特徴は、時間そのものというより、カオスによって生じる擬似的な確率現象という運動法則の特性の方に起源がありました。

長らく当然のものと思われてきた絶対時間ですが、光速が誰から見ても変わらないという観測事実によって発想の転換を余儀なくされ、空間も合わせた「時空」という構造の一部分と考えざるを得なくなったのでした。

さらに、重力と慣性力が同じルーツを持つことに気付くと、ごく自然に、時空は物質の影響を受けて曲がる力学的な存在であるという結論に導かれます。時空が歪めば、当然、時空中の物体の運動方向にも影響が及びます。これが重力です。実際、時空の歪みは「重力場」と呼ばれ、重力は、物体が重力場に反応することで生じる力と考えることができたのでした。

もうひとつ大切なのは、物質の材料である素粒子が、時空の内部構造とでも言うべき「量子場」の波である、という理解です。ただし、この波は通常に目にする波とはひと味違って、「可能性のあるあらゆる運動が同時存在する」という、日常生活からはなかなか想像の及ばない類の波なのでした。量子が「波と粒子の二重性」という普通では考えられない特性を持つ原因はひとえにここにあります。

さらに、物質間に働く力は「ゲージ場」と呼ばれる量子場によって媒介され、ミクロ世界で起こる様々な現象は、ゲージ場を含む量子場の共振として理解されます。常識とは相容れませんが、これもまた、ミクロな領域で観測される光や電子の挙動を正しく説明するために必然的に辿り着いた認識です。

このように、時間をその内に含む「時空」は、それ自体が揺れ動く動的な存在であると同時に、その各点各点に複数の内部空間として「場」を備え、私たちの目には、場の量子振動が素粒子として、そして、場の共振が素粒子間に働く力として映るという訳です。これが「時間」の正体を追い求めることで姿を現した世界の姿です。

古典の時空に量子の場

ここで思い出して欲しいのは重力の存在です。物質は時空を歪め、物質は時空の歪みに反応します。そして、物質は元を正せば量子場の振動なので、時空の内部空間である量子場は、重力を通じて通常の4次元時空とも影響を及ぼし合っているということになります。これは、時間という存在が、空間だけでなく、物質や力とも無関係ではないことを意味しています。

ここで問題になるのが、重力を媒介している重力場は、光子が知られていなかった頃の電磁場と同じように、量子化されていない普通の波であるということです。

素粒子は量子場ですから、本来なら、素粒子間に働く重力もまた量子場によって媒介されているはずです。ところが、現状の理解では、量子場である素粒子が普通の波である重力場に反応していることになります。重力だけが一昔前の理解なのです。

それなら、重力場を量子化すれば良いではないか、というのが素直な発想ですが、これはおそらくうまく行かないだろうというのが主流の考え方です。理由は色々ありますが、一般相対性理論が繰り込み不可能だから、というのが最大の理由です。この言葉の意味を理解するには「有効理論」という考え方を説明するのが早道でしょう。

繰り込みと有効理論

こんな疑問からはじめてみましょう。例えば普通のボールの運動を計算するとき、私たちは通常ニュートンの運動法則を使います。その一方で、私たちは既にボールが原子核と電子からできていることを知っています。このような理解に到達してしまった以上、ボールの運動をニュートンの運動法則を使って記述するのは間違いで、本来なら、より根源的な理論である場の量子論を使わなければ正確な理解が得られないのではないでしょうか？

幸いなことにこれは杞憂です。なぜなら、これから説明するように、日常的なスケールの現象に対してニュートンの運動法則を使うことは、実質的に場の量子論を使うことと同じだからです。これを以て、「ニュートンの運動法則は、日常のスケールにおける有効理論である」と表現します。

ポイントは、そもそも運動理論は考えている現象のスケールに応じて表し方が変わるということです。ボールは少し大きすぎるので、例として分子の集まりを考えましょう。

分子は原子の集まりで、原子は原子核と電子からできているので、もし場の量子論を使うなら、原子核と電子を量子場で表して、それらの間に働く力を、同じく量子化した電磁場を使って調べることになります。

ところが、電磁場の量子論が本当の意味で威力を発揮するのは原子よりも小さな領域です。その一方で、分子の大きさは数ナノメートル程度。分子の集まりとなると、それよりも10～100倍も大きな領域を考えることになります。

ここで、量子化の手続きが「可能なあらゆる運動の影響を全て足し合わせる」というものだったことを思い出して下さい。場の量子論を使って考える以上、小さなスケールで起こる運動も含めて、あらゆる運動の影響を足し合わせなければいけません。ですが、今調べたいのは、最低でも10ナノメートルよりも大きな領域で起こる現象です。そのスケールで起こる現象を理解するために、それよりも1000倍以上も小さい原子内部で起こる運動の影響を、その都度全て足し合わせるのはいかにも無駄です。

こういう場面で自然に生まれるのが、

考えているスケールよりも小さな所で起こる運動の影響は、
予め足し上げておこう

というアイディアです。

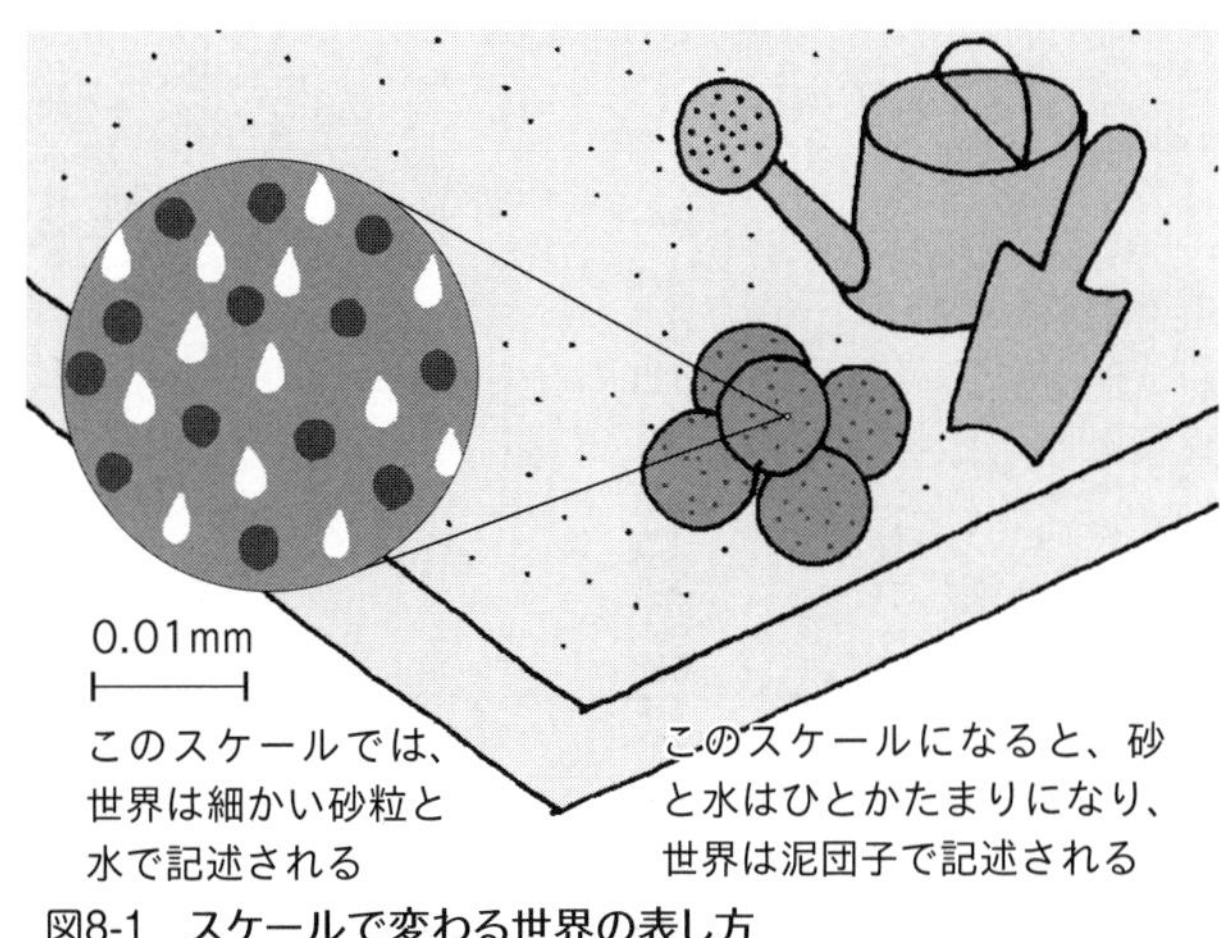

図8-1　スケールで変わる世界の表し方

その結果、小さな領域で起こっているあらゆる運動の影響が全て盛り込まれた新しい場が生まれます。直感的にたとえると、砂粒と水から泥団子を作るような感じです（図８－１）。

今の例なら、原子よりも小さな領域の運動を予め足し上げることによって、もはや原子核や電子（砂と水）は姿が見えなくなり、それらがゴチャっとまとまった新しい場（泥団子）が姿を現します。新しい場の運動を支配する理論（泥団子の理論）はもはや最初の理論（砂と水の理論）とは違った形をしていますが、今の目的のためにはその方が便利です。

このように、あるスケール以下の運動の影響を予め足し上げ、その影響を盛り込んだ新しい自由度を使ってより粗いスケールに適用できる理論を作るプロセスを「繰り込み」と呼び、でき上がった理論を新しいスケールにおける「有効理論」と呼びます。

今の例であれば、電子・原子核と電磁場の理論から分子の有効理論を作ったことになります。もちろんこの理論は1ナノメートル以上の領域にしか適用できませんが、有効理論の作り方から分かるように、このスケール以上の現象に関しては、その予言能力は場の量子論と同じです。

これをどんどん繰り返して私たちの身の周りの物体のスケールまで繰り込みをおこなうと、（原理的には）ニュートンの運動法則に辿り着きます。ニュートンの運動法則を使うことが、実質的に場の量子論を使うことと同じであるというのはこのような理由です。

一般相対性理論は有効理論

例えば、ニュートンの運動法則は、（極めて大雑把に）1メートル程度の大きさの領域における運動を調べるときに使いますが、このとき、ミクロ世界の運動法則を気にする必要はありません。同じように、どんな理論も、対象となる自然現象が起きているスケールだけを相手にすれば良いように作られています（さもなければ使いにくくて仕方がありません）。その意味で、あらゆる理論は有効理論です。

これは一般相対性理論でも同じです。

一般相対性理論は、日常的に目にする物体の間に働く重力を扱うので、大雑把に言って、これまた1メートルかそれ以上のスケールにおける重力の有効理論です。このくらい大きなスケールでは量子論は必要ありませんから、通常、一般相対性理論の量子論は考えません。

ですがもちろん、素粒子の間にも重力は働いています。それがどんな働き方をしているか知りたいと思ったとき、本来大きなスケールでの重力を説明するために作られた一般相対性理論が、量子論が必要になる程小さなスケールでもそのまま成立しているだろうか？　という疑問が生じるのは自然なことです。

これをチェックするために、試しに一般相対性理論をそのまま量子化して、理論のスケールをほんの少しだけ変える繰り込みを実行してみましょう。計算の詳細は省略しますが、そうして得られた有効理論は、元の一般相対性理論とは違った形になり、余計な構造が付け加わります。これが、先程述べた「繰り込み不可能」と呼ばれる性質です。

もちろん、実際に繰り込みを逆に辿らなければ本当のところは分かりませんが、ほんの少し繰り込みをしただけで理論の構造が変わることから考えて、一般相対性理論は繰り込みに対して大きく形を変えるだろうと考えるのが自然です。

ということは、一般相対性理論が大きなスケールでちゃんと現実を説明できるからと言って、もっと細かいスケールで同じように使える保証は全くありません。むしろ、そのスケールでの重力理論は、一般相対性理論とは似ても似つかない形をしていると考える方が自然です。一般相対性理論が繰り込み不可能であるために、そのまま量子化の手続きを適用してもうまくいかないだろう、と述べた心はここにあります（※4）。

一般相対性理論は時空の理論です。この理論が小さい領域で姿を変えるということは、今私たちが想像している「時間」は、図8－1の泥団子のようなもので、もっと小さい領域では全く違った姿をしていることを物語っています。この小さい領域を支配している重力理論を「量子重力理論」と呼びます。そして、量子重力理論が描き出す超ミクロ世界での時空の姿こそが、私たちが求めていた「時間とはなんだろう？」という問いへの答えに他なりません。

※4　実を言うと、繰り込みを逆に辿るのは完全に不可能というわけではなく、一定の仮定の下とはいえ、信頼できるやり方が整備されています。この本で考えているシナリオとは別に、（拡張した）一般相対性理論の繰り込みを逆に辿り、場の量子論の枠組みの中で量子重力理論を構築しようとする試みも依然として可能性のひとつとして残っていることは付け加えておきたいと思います。

「宇宙とはなんだろう？」

となると考えなければいけないのは、一般相対性理論はどのくらいのスケールまで有効理論として使えるのか、すなわち、どのくらいのサイズで起こる現象を考えるときに、量子重力が必要になるのか、ということです。

ここで、量子の真骨頂を思い出しましょう。量子化というのは、大雑把に言えば、運動から決まる「作用」なる量にプランク定数程度の揺らぎを許すものなのでした。ということは、考えている運動の作用（概ね、動ける範囲と運動量の変化をかけたくらいの大きさになります）の大きさがプランク定数くらいになると、量子化が必要になります。

例えば、原子サイズの運動にニュートンの運動法則が使えないのは、原子くらいの大きさの運動を考えたときの作用の大きさが、概ねプランク定数程度になるからです。この状況で、作用の揺らぎを無視する訳にはいきません。

同じように、一般相対性理論が予言する運動に伴う作用の大きさがプランク定数と比較できるくらい小さくなるような領域が一般相対性理論の限界です。

この大きさは重力の強さ（万有引力定数）から大雑把に見積もられて、10^{-35}ｍ程度になります。「プランクスケール」と呼ばれるこの値は、陽子や中性子のスケールである1フェムトメートル（1000兆分の1メートル）から比べてもさらに20桁小さい数です。大雑把な評価とはいえ、この結果から、通常の素粒子の運動について知りたいだけなら、重力の量子論を考える必要は全くなく、普段考えている時空を安心して使って良いことが分かります。仮に重力の効果を考えたいときでも、有効理論である一般相対性理論を使えば十分です。

ということは、時間（時空）がその本来の姿を現すのは、プランクスケールくらいの領域での現象を考えるときということです。これは、宇宙開闢の瞬間や、ブラックホールの中心付近のような状況に相当します。そしてこの領域では、時空はもはや馴染みのある姿をしていないだろう、というのが今の予想でした。

その姿を明らかにして量子重力理論を構築するということは、宇宙の誕生や、ブラックホール中心での時空の崩壊のような物理現象を直接記述する理論を構築する、という意味です。その中には、確実に宇宙誕生の秘密が詰まっています。「時間とはなんだろう?」という問いは、量子重力理論を鍵として、「宇宙とはなんだろう?」と同じ問いになるのです。

時間でも空間でもない「何か」

量子重力理論の目指す方向性をはっきりさせるために、有効理論である一般相対性理論の姿をもう少し明確にしておいた方が良いでしょう。

第5章で説明した通り、一般相対性理論では、物体は曲がった時空上の最短距離を進むと考えます。これを具体的に表現するには、当然、曲がった時空上で距離を測る方法が必要になります。

特殊相対性理論では、時空の距離として１０６ページで説明したミンコフスキー距離を考えました。符号がちょっと違いますが、これは基本的にピタゴラスの定理を使った距離の測り方と同じです。ピタゴラスの定理は、中学校で習うユークリッド幾何学が成り立つような、平坦な空間で成り立つ定理です。これが、特殊相対性理論で考えているミンコフスキー時空が図５-４のように平坦であることと対応していることは、１２８ページ周辺で説明した通りです。

空間が曲がっていると、ピタゴラスの定理はそのままでは使えなくなります。例として図８-2を見て下さい。これは曲がった面の上に座標を描いたものです。点Oの周りでは曲面は平らなので、おなじみのピタゴラスの定理を使って距離を測って構いません。具体的には、x方向とy方向にほんの少し、$(\delta x, \delta y)$だけ移動した点までの距離は、$\sqrt{\delta x^2+\delta y^2}$と表されます。

ところが、点Pのように曲がった場所では、同じようにはいきません。$(\delta x, \delta y)$だけ移動した点までの距離は、例えば$\sqrt{\delta x^2-\delta x\delta y+2\delta y^2}$のように、空間が曲がっていることを反映して

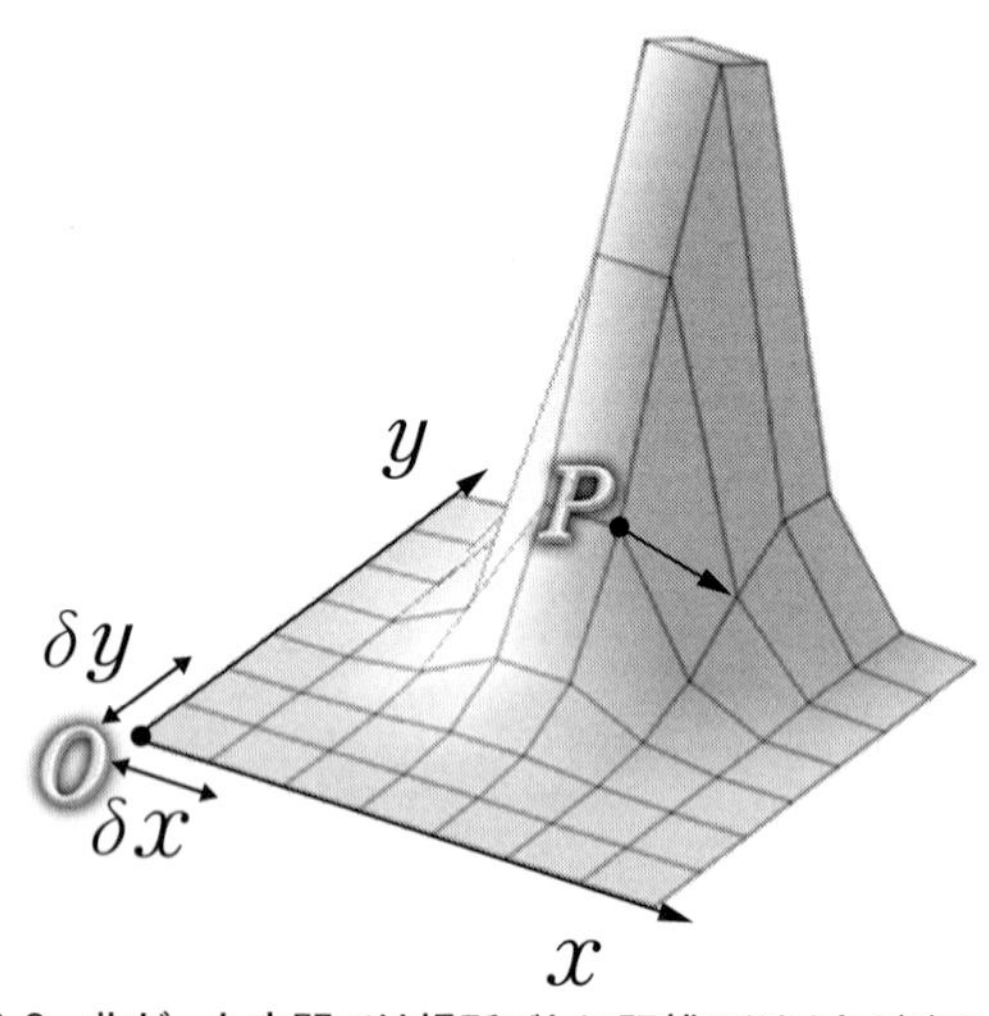

図8-2　曲がった空間では場所ごとに距離の測り方が違う

ピタゴラスの定理からずれます。これを逆に使うと、距離の測り方のずれから、空間の曲がり具合を知ることができます。

　空間方向の符号にちょっと注意が必要ですが、時空の場合も考え方は同じで、時空が曲がっていると距離の測り方が場所ごとに変わります。分かりやすいように時間と空間が1方向ずつある2次元時空で例えると、ある時空点から時間方向・空間方向にほんの少し、$(\delta t, \delta x)$ だけ離れた点までの距離が、例えば $\sqrt{\delta t^2 + 2\delta t\delta x - 3\delta x^2}$、というように、必ずしもミンコフスキー距離にはならないのです（見やすくするために光速 c を省略しました）。

　ここで各点の距離を決めているのは、2次元時空なら δt^2、δx^2、$\delta t\delta x$ の係数で、これらをまとめて「計量」と呼びます。なお、２次元時空では計量は３個の数字ですが、４次元時空では方向が増えるので10個となります。

一般相対性理論では物質の存在によって時空が曲がります。そして、今見てきたように、時空が曲がるということは、時空の各点ごとに距離の測り方が変わり、対応する計量が変化するということです。だからこそ、時空が曲がると、「時空の最短ルート」が変化して、物体に重力が働く訳です。

計量は時空の各点各点に定義された自由度ですから、一種の場とみなせます。その意味で、一般相対性理論というのは計量を変数とする場の理論です。以前登場した「重力場」は、平坦な時空を基準にした計量の中の揺らぎのことを指していたのです。ただし、計量は量子化されていない（あらゆる計量を足し合わせている訳ではない）ので、「古典的な場の理論」と呼ばれます。

「一般相対性理論がプランクスケール以下では姿を変える」ということは、より具体的に言うなら、現在私たちが目にしている「距離の概念を伴う時間や空間」という構造そのものが、プランクスケール以下では意味を失うということです。これはちょうど、「物体は原子でできている」という私たちの常識が、原子よりも小さい世界では意味を成さなくなるのと同じです。すなわち、量子重力を考えるということは、

時間でも空間でもないけれど、繰り込みを実行して大きなスケールで見ると計量の概念を伴う時空になるような「何か」を見つけよ

というプロジェクトなのです。

ここで、現代の物理学の中から、この壮大なプロジェクトに対するアプローチの代表として、弦理論とそれに関連する話題を紹介することにしましょう。少し高度な話になりますが、2017年現在の最先端でどんなことが考えられているのかが伝われば幸いです。

弦理論というアプローチ

当てずっぽうに考えて、この「何か」の正体を見抜くのはほとんど絶望的です。特に、計量という構造はとても基本的なので、何か他のものから登場させるのがとても難しいのです。ですが、そんな計量が自然に登場する理論があります。それが「弦理論」です。

弦理論（または「ひも理論」）は、この世界の基本が粒子ではなく、長さを持った「弦」であると考える理論です。弦は張力を持っていて、基本的にピンっと張っています。なので、大雑把に表現するなら、「ブルブルと震えながら飛んでいる」というのが弦の運動のイメージです。

弦理論を構成する大前提となる仮定は、弦の運動が光速度不変の原理に矛盾しないこと、そして、運動が量子化されていることのふたつだけです。すなわち、相対性理論で許されるあらゆる弦の運動が同時に重なり合っていると考えるのが弦理論です。

弦がピンと張っているお陰で、弦には常に元の形に戻ろうという力が働きます。そのため、弦の運動は実質的に限られた範囲に閉じ込められており、場の量子論のときと同じ理屈で、量子化された弦は飛び飛びの振動が重なり合った状態になります。

たったこれだけのことなのですが、非常に興味深いことに、端が繋がって輪になった弦の一番単純な振動状態が計量（の揺らぎ）になります。理論の中に計量の揺らぎが含まれる以上、弦理論は重力を含んでいます。これよりも複雑な振動状態はエネルギーが高く、基本的にプランクスケールよりも小さな領域だけに寄与します。これは、量子論ではエネルギーが振動数に対応するためです。エネルギーの大きな状態は細かく振動する波なので、基本的に小さな領域だけで共振現象を起こし、その影響が大きなスケールに及ばないのです（エネルギーの大きな光であるX線が密度の小さい物体を透過するのはこのためです）。

ということは、弦理論に繰り込みを実行して、プランクスケールより大きな領域の有効理論を構成すると、一番単純な振動状態である計量の揺らぎだけが残って一般相対性理論が実現されます。これは求めていたストーリーにピタリと一致します。弦理論こそが求めていた量子重力理論で、時空もまた弦からできている、と考えて良いでしょうか？

弦理論は発展途上

これでめでたしめでたしなら話が早いのですが、完全に手放しで解決とは言えないのが現状です。

一番分かりやすい困難は、弦が飛ぶ時空の次元が非常に大きくなければいけないという事実です。これは、弦理論の大前提（相対論的、かつ、量子論的な弦の運動）からすぐさま導かれるので、弦理論を考える以上避けようがありません。

理論的に許される時空の次元は、素朴な弦理論なら26次元にもなります。ただし、素朴な弦理論は真空が不安定になるなどの問題があるため、最近では、弦理論と言えば、「超対称性」という追加の仮定を導入して安定化させた「超弦理論」を指すのが普通ですが、それでも時空の次元は10次元です。

確かに、弦理論は繰り込みによって一般相対性理論が現れることが保証されている面白い理論ですが、その結果現れる有効理論が10次元の重力理論とあっては、現実を再現しているとは思えない、というのが弦理論の黎明期に聞かれた批判のひとつです。

ですが、時空には量子場という内部構造があったことを思い出して下さい。量子重力理論は宇宙の成り立ちそのものを説明する理論なので、真の量子重力理論なら、計量を伴う４次元時空と同時に、物質や力の源になっている量子場も一緒に説明できるはずです。

その意味で、超弦理論の研究者は10次元時空をむしろ歓迎しています。10次元の内の４次元が私たちの時空を作り、残りの６次元が内部空間としてコンパクトに丸まることで必要な量子場を提供する、というストーリーが描けるからです。これはアインシュタインの夢の現代版に他なりません。

このストーリーは大変魅力的ですが、６次元空間の丸まり方の可能性が膨大すぎて、私たちの宇宙が持つ物質構造が弦理論から自然に現れるのか、はっきりしたことは何も分かっていないというのが現状です（「弦理論のランドスケープ問題」と呼ばれます）。この方向の探究は、現在でも地道な研究が続けられているので、将来の成果に期待したいところです。

超弦理論は本当に奥深い理論で、ここで述べたストーリー以外にも、私たちの宇宙が10次元時空に浮かぶ「ブレーン」と呼ばれる３次元に広がった物体である可能性（ブレーン宇宙仮説）であるとか、一般相対性理論そのものが別の低次元の場の量子論の表現であって、時空はあたかも影絵のような投影に過ぎないという可能性（ホログラフィー原理）など、様々な量子重力の可能性が指摘されています。

その詳細は専門的になりすぎるので、ここでは簡単な紹介だけに留めますが、これらは全て、大真面目に検討するべきテーマです。なぜなら、これらの議論の中には、弦理論を経由して初めて見えてくる、斬新な物理的・数学的知見が溢れているからです。

仮に将来、これらが現実の量子重力を説明するモデルではないことが分かったとしても、十中八九、その中には何かしらの深い構造が隠れています。事実、ホログラフィー原理は既に、弦理論を超えて幅広い分野に応用され、新しい研究手法として確立しつつあります。超弦理論の探求から得られる知識は間違いなく人類の糧となるでしょう。超弦理論から得られるめくるめく世界に興味をお持ちの方は、巻末の参考文献を参照してみて下さい。

時空と場は行列でできている?

超弦理論の探究の中で、もうひとつ、毛色の違うやり方があります。それは、行列の自由度を使って弦理論そのものを再現しようという試みです。

気付かれた方もいると思いますが、先程説明した弦理論はそもそも時空ありきで作られていります。確かに弦の振動が計量の揺らぎに相当するのは間違いないのですが、「時空を飛ぶ弦」という見方を続けている限り、時空に対する知見は得られても、時空そのものを構成することはできません。

ということは、弦理論もまた有効理論であるということです。すなわち、繰り込みの結果として超弦理論になるような記述が存在する、ということを意味しています。

そんな記述の候補が「行列理論」です。超弦理論のさらに奥を目指そうとするこの理論は、今までの常識から比べると相当ぶっ飛んでいて、連続的な空間の自由度は一切なく、巨大な行列を変数に持つ極めて抽象的な理論です。

空間の自由度は繰り込みの結果として自動的に現れることを期待します。時間の取り扱いに関しては理論によって考え方が違っていて、代表的なものを挙げると、トム・バンクス、ウィリー・フィシュラー、ステファン・シェンカー、レオナルド・サスキンドが構成した、連続的な時間だけは保持しているタイプの行列理論（ＢＦＳＳ行列理論）と、日本人研究者、石橋延幸、川合光、北澤良久、土屋麻人が構成した、時間すら繰り込みの結果として生じると考えるタイプの行列理論（ＩＫＫＴ行列理論）があります。

どちらの理論も超弦理論が持っている重要な性質（対称性）を引き継いでいて、現在のところ、超弦理論との矛盾も見つかっていません。少なくとも現段階では、ＢＦＳＳ行列理論もＩＫＫＴ行列理論も共に、超弦理論を有効理論として含む理論の最有力候補です。

超弦理論はそもそも一般相対性理論を含んでいますから、超弦理論を有効理論として含む（と思われている）これらの行列理論は量子重力理論の候補でもあります。もしこれが私たちの宇宙を支配する根本理論だとしたら、行列理論から４次元時空が自然に生み出されるはずですし、同時に量子場も再現されるはずです。

最近では、このような行列理論をコンピュータシミュレーションで調べる研究も進んでいて、特にＩＫＫＴ行列理論については、近年、西村淳と土屋を中心とするグループによって、４次元時空が一番安定して再現されることを示唆する状況証拠が得られたというエキサイティングな結果が示されており、ひょっとしたらこれが本物かも知れないという期待も高まっています。これもまた、これからの研究成果が期待されます。

もちろん、超弦理論が理論上の産物に過ぎず、私たちの宇宙を再現する理論は他にあるという可能性も十分に残されています。多くを語るスペースが残されていないのが残念ですが、「ループ変数」と呼ばれる量をベースにして時空を構成することを目指す「ループ量子重力理論」や、時空の分割を基本と考える「因果的動的単体分割法」なども、超弦理論とは独立に成果を上げています。

フェアに言って、どの方法が私たちの宇宙の根本を記述しているかはまだ分かりませんが、いずれの試みの背後にも、時間でも空間でも量子場でもない何かが私たちの宇宙を作っているはずだという共通の想いが流れていることを感じていただけると思います。

時間・空間・物質・力のＤＮＡを求めて

発展途上とはいえ、こうした超弦理論の研究が「時空観」にもたらした影響は絶大です。特に、超弦理論のお陰で、宇宙の成り立ちを説明するために必ずしも４次元時空を出発点にする必要はない、という認識が得られたのは大きな発想の転換です。つまり、量子重力理論が完成した暁（あかつき）には、時間が１次元で、空間が３次元であることにすら理由が提供されるだろう、と期待できるのです。

そもそも量子重力理論は時間でも空間でもない「何か」の理論です。もちろん、繰り込みを施して大きなスケールで見れば計量を伴う時空が得られるはずですが、それはあくまで結果論。その「何か」の理論が、はじめから「４次元時空とその上の量子場」という構造を持っている必要はありません。

むしろ、時空や量子場の構造すら持たない「何か」が、繰り込みのプロセスによって自然に役割が割り振られ、私たちのスケールでは4次元の時空や、物質世界を構成している量子場として発現していると考えるのが自然だろう、というのが、量子重力理論に関わる研究者（の少なくとも一部）が漠然と共有している世界観です。

例えとして適切かどうかは分かりませんが、私たち人間は、心臓なら心臓、皮膚なら皮膚というように、体を構成する様々な部分がそれぞれ固有の役割を果たすことで命を繋いでいますが、その一方で、体を作るあらゆる細胞は同じDNAを共有しています。このDNAはひとつの受精卵に由来していて、発生の過程で、その細胞が体のどこにあるかによって役割が固定されるのであって、「心臓の遺伝子」「皮膚の遺伝子」というように最初から役割分担されている訳ではありません。最近話題になっているiPS細胞も、細胞の固定化された役割がリセットされて、あらゆる細胞に分化する能力を取り戻せるという点が注目されている訳です。

私たちが量子重力理論に思い描いている構造もこれに似ています。すなわち、宇宙開闢の瞬間には時間でも空間でも量子場でもない何かだったものが、その進化の過程で役割が固定され、現在の時空や量子場ができ上がったのだろう、というシナリオです。言うなれば、私たちは今、時間・空間・物質・力の全てに共通するDNAに触れようとしているのです。このDNAこそが求めていた時間の正体です。

このように、「時間とはなんだろう?」という問いの果てに私たちが気付きつつあるのは、時間が、空間・物質・力を含む巨大な構造の一部であるということです。これは、地面にピョコっと飛び出している小さな石が、実は、遥か昔に埋もれた巨大な古代遺跡の尖塔の先であった、という類の驚きに似ています。

このたとえ話になぞらえるなら、この本のお話は、「時間」と刻まれた小さな石を手がかりに、そこに連なる建物を掘り起こす発掘の旅路です。小さな石だと思っていた「時間」は、「時空」「重力」「量子場」と刻まれた建造物を絶妙に繋ぐ要石でした。これらの建物はそれ自体美しく壮麗ですが、どうやらこれらは、さらに深く埋もれた巨大な構造物の一部のようです。「量子重力」と刻まれていると伝えられるその巨大で荘厳な建物は、今まさに地中から姿を現そうとしており、そこには間違いなく、宇宙開闢の物語が壁画として刻まれているはずです。

非常に近い将来、その物語を皆さんにお伝えできる日が間違いなく来ることでしょう。その日を楽しみにしつつ、長いお話を締めくくろうと思います。ここまでお付き合いいただき、誠にありがとうございました。

おわりに

「『時間とはなにか』という疑問を、シンプルに理解できるような1冊を作れないでしょうか？」

講談社の編集者、家田有美子さんから、デンマークの首都、コペンハーゲンに滞在中だった私にそんなご提案をいただいたのは、忘れもしない、２０１６年7月28日。前著『宇宙を動かす力は何か』（新潮新書）が無事に出版されて一段落ついた頃のことです。

私は普段、いわゆる「文系」と呼ばれる学部の学生を対象に物理の講義をしています。物理というのは、言うなれば、人類が自然界を理解するために積み上げてきた知恵の集大成です。「もののことわり」という命名が示す通り、この複雑な世界を、理を通じてシンプルに照らすことこそが物理の本分です。

そんなことを伝えたくて講義をしていて気付いたことがひとつ。多くの人は、「ことわり」には興味があるけど、ややこしい理屈や面倒な計算が嫌いなのです。世に言う「理科嫌い」の本質はどうやらこの辺にあるようです。

であれば話は早い。この魅力溢れる世界を、数式や専門用語といった表層のややこしさに惑わされて楽しめないのは実にもったいないことです。「もののことわり」と、そこから拓ける美しい風景を普通の言葉で語り、専門外の人にもその本質を楽しめるように工夫すれば、数式や専門用語の便利さなんて表層的なものは後から勝手に付いてくるもんだ！　そんなことを想いながら、教えることで学んだノウハウを交えつつ、理を紐解く楽しみを綴ったのが前著です。これはこれでひとつの目的を果たすことができたと思っています。

そんな達成感もあって、異国の地で自分の研究テーマに没頭していた訳ですが、1冊の本を書いた経験というのは面白いもので、以前は一般の人に伝えるのは諦めていたような専門性の高いことであっても、知らず知らずの内に、実はその魅力を伝える方法があるんじゃないか？　と考える習慣が身に付いていました。

今一番伝えたいのは何かと聞かれたら、何と言っても私の専門でもある素粒子の世界です。素粒子は不思議な魅力に溢れています。日頃触れているはずの私ですら、こんな摩訶不思議な法則に支配されたミクロ世界の上に日常が構築されていることに驚かされることばかり。ですが、この世界に触れるには、現状では、どうしても高度な数学や幅広い物理学の知識が必要になります。そんな量子世界の魅力を、ただのお話としてではなく、実感を伴った風景として感じてもらうにはどうしたらいいかな～と、考えるともなしに考えていた。冒頭のご提案をいただいたのはそんな矢先です。

その瞬間、私の頭にはこの本のストーリーがぶわ～っと駆け巡りました。

素粒子物理学の歴史は「統一」の歴史です。特殊相対性理論によって時間と空間が統一され、一般相対性理論によってそれはさらに重力と統一されました。一方、物体が素粒子でできていて、それが場の量子論で記述されることが分かると、その力もまた「ゲージ理論」という場の量子論の中に統一されました。その先に見え隠れする「時間・空間・物質・力の全てが同じ枠組みに乗る統一的な視点が存在する」という風景が、科学者たちを量子重力の研究にかりたてる原動力のひとつになっていることは本文で書いた通りです。

こうしたジャンルの現代物理学を学び、この「統一」という歴史を共有している素粒子や宇宙の研究者には、「時空や量子場を含む巨大な構造の一部分」という時間の姿が漠然と見えていますが、ところが、この視点は一般的にはほとんど理解されていません。なぜなら、この視点を支えている現代物理学はあまりに範囲が広く、まともに勉強しようとすると大変な時間がかかってしまうからです。

ですが、よくよく考えてみれば、この視座を得るために、微に入り細に入り全ての物理学を学ぶ必要はありません。逆に、ひとつの到達点である「時間」を切り口にして歴史を素直に辿れば、これまでバラバラに理解せざるを得なかった様々な現代物理学を自然と俯瞰できるはずです。それどころか、ひとたびその軸を持てば勉強も随分と楽になるはずです。私が勉強するときにこの視点を持っていれば、どれほど楽だったことか！

そう考えてみると、私が漠然と考えていた、「実感を伴った量子への旅路」というテーマにもピッタリです。これぞ渡りに船。二つ返事で引き受けさせていただき、そうしてでき上がったのが本書という訳です。聞けば、家田さんも『宇宙を動かす力は何か』を読んで私に連絡して下さったとのこと。物理学者にはふさわしくない言い方かも知れませんが、全くもって縁というのは不思議なものです。

そんな訳で、この本では、「時間とはなんだろう?」という素朴な疑問を軸にして、現代的な時間観に繋がるお話を、できる限り厳密さを損ねることなく、かつ、可能な限り数式に頼らずに通常の言葉で語ることを目指しました。数式に慣れた読者の方には、かえって説明がくどくなった部分があるかと思いますが、数式を使うことで可能になるコンパクトかつ正確な表現よりも、多少冗長ではあっても、現象の背後に潜む理が腑に落ちるための補助になるような表現を選んだ結果です。その点、どうかご容赦下さい。

この本の目的は「統一」の視座であり、そのための「時間」という軸です。本文で何度も強調した通り、時間観は物体の運動の捉え方と表裏一体です。ですから、現代的な時間観に繋がるお話は、自然、現代的な運動法則のお話になります。本文に登場する運動法則は、ニュートン力学、カオスの初期値鋭敏性、特殊相対性理論、一般相対性理論、古典電磁気学、場の量子論の基礎、そして超弦理論のさわりと多岐にわたります。この素朴な疑問が、いかに世界に深く根ざしているか、ということなのかも知れません。

その一方で、「はじめに」でも予言したように、この流れでは話せなかったことや、話したかったけれど紙幅の関係で省略せざるを得なかった内容もたくさんあります。

例えば、光速の測定やエーテル探求には、紹介できなかった面白い歴史物語がたくさんありま す。

特殊相対性理論や一般相対性理論では、時間・空間・重力の関係を語ることに終始してしまい、光速度不変の原理や等価原理から得られる豊かな世界をお話しできなかったのは、やむを得ないとはいえ、やはり残念です。

本文で説明した量子化の方法は「経路積分法」と呼ばれますが、量子化の手法はこれだけではありません。また、量子場を波ではなく粒子であると捉えて、それを元に場の量子論を構成するやり方もあります。こうしたやり方を知ると、直感的に理解し難い量子場の概念を多角的に見ることができますから、余裕さえあればこの本にも盛り込みたかった視点のひとつです。

他にも、「ゲージ粒子」という言葉を登場させておきながら「ゲージ対称性」の概念を説明していませんし、対称性と保存量の関係、自発的対称性の破れ、粒子と反粒子の対生成と対消滅、ボゾンとフェルミオンの区別、スピンと統計性の関係、ブラックホールとエントロピーの関係などなど、本当ならお話ししたかった楽しい話題も涙を飲んで省かざるを得ませんでした。

ですが、この本を通じてそれぞれの話題の位置関係が見えた後であれば、ここで挙げたような話題を勉強するハードルも下がっているはずです。本書がそのための足場を作ってくれていれば、きっと大成功なのでしょう。巻末に、さらに進んだ勉強をするときの出発点になりそうな一般向けの書籍を挙げておきましたので、興味のある方はそちらをご覧下さい。

もうひとつ、物理の内容もさることながら、物理屋としての私が一番伝えたいのは、やはり「理を通じて世界が変わる」という経験です。例えばこの本であれば、「時間」という筋に沿って話を進めてきた私たちが観てきたのは、時空の認識であり、光の特性であり、物質や力の源でした。こうした視点を獲得した後でもう一度素朴な時間観に戻ってくると、世界の見え方が随分と変わっているはずです。旅を終えて故郷に戻ったときの気持ち、といったら言い過ぎでしょうか？　いずれにせよ、この本を通じて、物事を知る前と後では世界そのものが変わって見えるという学びの醍醐味の一端でも伝われば、研究者冥利に尽きるというものです。

この喜びは、自然科学という狭い分野に限った話ではありません。一人でも多くの方がご自身の学びを通じて世界を深め、その美しさを共に楽しんでもらえることが私の願いです。そして贅沢なことを言うなら、いつの日か、自身が深めた世界を読者の皆さんとお互いに語り合える日が来ることを願いつつ、ここで筆を擱（お）くことにします。

最後になりますが、この本を書くきっかけを与えて下さり、執筆中には常に適切なアドバイスと励ましを下さった講談社の家田有美子さん、完成前の原稿を読み込んで、非常に有用なコメントをいくつもくれた加堂大輔氏、私をいつも支えてくれる妻と子供たち、講義を通じていつも私に気付きをくれる学生さんたち、そして、両親をはじめとする、これまで私に関わってくれた全ての人たちに心から感謝を申し上げます。

参考文献

本書に関係する一般向けの書籍を中心にご紹介したいと思います。もちろん、ここに挙げられなかった中にも名著がたくさんあります。偏ったラインアップになることをお許し下さい。

『宇宙を動かす力は何か　――日常から観る物理の話』

（新潮新書）　松浦　壮

私の前著です。物理のテーマとしては、この本の5章までの内容ですが、「理の紐解き方」に焦点を当てて、本書よりも一般向けに書いています。中高生や、物理に嫌な思い出のある方にこそおすすめです。

『相対性理論の世界　――はじめて学ぶ人のために』

（ブルーバックス）　ジェームズ・A・コールマン〈著〉／中村　誠太郎〈訳〉

おそらく一番歴史のある一般の人向けの相対性理論の解説書のひとつです。恐ろしいことに現在100刷を超え、今なお読まれ続けています。多少記述が古い箇所もありますが、大変分かりやすい良書です。光速測定の歴史などにも触れられています。

『マックスウェルの悪魔　——確率から物理学へ』（ブルーバックス）　都筑卓司

熱と統計について解説された名著です。時間の向きとエントロピーと情報の関係について、分かりやすく解説されています。

『熱とはなんだろう　——温度・エントロピー・ブラックホール……』（ブルーバックス）　竹内薫

比較的現代的な視点から書かれた熱の解説書です。熱と、それに連なるエントロピーの概念が、ユーモラスな対話形式を交えながらシンプルに書かれています。本書では触れられなかったブラックホールとエントロピーの関係についても解説されています。

『カオスから見た時間の矢　——時間を逆にたどる自然現象はなぜ見られないか』（ブルーバックス）　田崎秀一

一般向けではありますが、統計力学の専門家による、比較的骨太な不可逆現象の解説書です。本書の3章はこの本の影響を多分に受けています。

『磁力と重力の発見　1・2・3』（みすず書房）山本 義隆

遠くに働く力の代名詞である「磁力」が重力の発見に繋がった歴史的な背景を史実に基づいて解説した大著です。最終的に「場」の発見に連なる科学史に興味をお持ちであれば、ご一読をおすすめします。

『重力とは何か　――アインシュタインから超弦理論へ、宇宙の謎に迫る』（幻冬舎新書）大栗 博司

超弦理論の大家による一般向けの解説書です。相対性理論から超弦理論に至るまで、非常に分かりやすいロジックで綴られた名著です。本書では触れられなかった相対性理論や量子論の特性が分かりやすく解説されていますので、ご一読をおすすめします。本書ではさらりとしか触れられなかった「ホログラフィー原理」も専門家の立場から解説されています。

『素粒子論はなぜわかりにくいのか　――場の考え方を理解する』（技術評論社）吉田 伸夫

場の量子論の一般向けの解説書です。本書と同じく、量子場は波であるという立場で書かれているので、本書とも相性が良いと思われます。本書では扱い切れなかったゲージ対称性や摂動論にも踏み込んでいます。

『量子力学と経路積分』（みすず書房）R・P・ファインマン、A・R・ヒッブス〈著〉／北原 和夫〈訳〉

専門書ですが、経路積分を構築した張本人が書いた、経路積分に基づく量子力学の解説書です。量子力学を一通り学んだ後に読むと、量子力学に対して違った視点が得られます。

『ワインバーグ　場の量子論1――粒子と量子場』（吉岡書店）S. Weinberg〈著〉／青山 秀明、有末 宏明〈訳〉

場の量子論の定番の教科書です。本書とは多少出発点が異なりますが、場の量子論を非常にロジカルに構築していますので、線形代数や微積分にある程度の知識があれば読み進められるはずです。

『エレガントな宇宙　――超ひも理論がすべてを解明する』
（草思社）B・グリーン〈著〉／林一、林大〈訳〉

定評のある、一般向けに書かれた超弦理論の解説書です。大変読みやすい上に、あまり大きなごまかしをせずにきちんと書かれているので、本書には書けなかった超弦理論の魅力に触れてみたい方にお勧めできます。

[な・は行]

波と粒子の二重性 167
ニールス・ボーア 180
二重スリット 186
ニュートリノ 203
ニュートンの運動法則 51
場 194
ハインリヒ・ヘルツ 159
波長 184
場の量子論 197
汎関数 198
ハンス・クリスチャン・エルステッド 150
万有引力定数 215
万有引力の法則 134
光時計 95
日時計 19
ひも理論 220
ファラデーの電磁誘導の法則 153
フェムトメートル 216
不確定性 71
物質波仮説 182
プランクスケール 216
プランク定数 168
振り子時計 19
ブレーン宇宙仮説 223
ベータ崩壊 203
ボーアの量子条件 181
ホログラフィー原理 223

[ま・や行]

マイケル・ファラデー 85
マクスウェルの理論 85
マクスウェル方程式 160
水時計 19
ミンコフスキー距離 106
ミンコフスキー時空 106
有効理論 208, 212
陽子 203
ヨハネス・リュードベリ 181
弱い力 203

[ら行]

落下の法則 37, 53
離散スペクトル 177
量子 170, 190
量子化 197, 198
量子重力理論 214
量子電磁気学 201
量子場 207
ルイ・ド・ブロイ 182
ループ量子重力理論 226
レオン・フーコー 82
連成振り子 202
ローレンツ変換 94

[数字・アルファベット]

1秒 20
BFSS行列理論 225
GPS 99
IKKT行列理論 225

ゲージ場 203, 207
原子 83, 141
原子核 141
元素 3
弦理論 220
弦理論のランドスケープ問題 223
光行差 81
光子 165
光速 81
光速度不変の原理 90
光電効果 162
光量子仮説 165
古典理論 198
固有時間 130

［さ行］

作用 198
作用関数 198
作用・反作用の法則 51
ジェームズ・ブラッドリー 81
ジェームズ・マクスウェル 85
時間観 18
時空 103, 206
実験 35
質量 48, 50, 117
磁場 149
シャルル・ド・クーロン 143
自由落下 53
重力 118
重力場 136, 206, 219
初期値鋭敏性 68
食 79
磁力 149
水晶振動子 20
スペクトル 177
聖アウグスティヌス 5
静電気 143
静電気力 143
世界線 128
積分 53
絶対時間 56, 206
絶対静止系 41
絶対的 39
相対性原理 43, 45, 112
速度 54
速度の時間微分 52

［た行］

力 47
地動説 34
中性子 203
超弦理論 222
超新星爆発 4
強い力 203
電荷 143
電子 141
電磁気力 142
電磁石 149
電磁波 86, 156, 159
電磁場 86
電場 85, 147
等価原理 127
等速直線運動 44, 113
トーマス・ヤング 84
特殊相対性理論 78, 90, 94
時計 19, 20

さくいん

[あ行]

アイザック・ニュートン 32, 46
アルバート・アインシュタイン 90
アルバート・マイケルソン 82
アルマン・フィゾー 82
アンドレ=マリー・アンペール 150
アンペールの法則 151, 153
アンペール・マクスウェルの法則 155
イオ 79
位置の時間微分 53
一般相対性原理 114
一般相対性理論 137
因果的動的単体分割法 226
ウィークボゾン 203
運動エネルギー 164, 167
運動方程式 49
運動量 181
エーテル 84, 87
エドワード・ローレンツ 67
エマヌエル・カント 20
エレクトロンボルト 168
炎色反応 176
エントロピー 70
オーレ・レーマー 79
重さ 49, 50

[か行]

ガウスの法則 148, 151, 153
カオス 64, 67
科学的 34
核融合 4
仮説 30
加速運動 113
加速系 115
加速度 47
ガリレオ衛星 34
ガリレオ・ガリレイ 32, 34
干渉 85
慣性 117
慣性系 115, 121
慣性の法則 46
慣性力 42, 117, 120
機械時計 20
共振 184, 195
共鳴 184
行列理論 225
局所性 145
クーロンの法則 144
クォーク 203
クォーツ時計 20
繰り込み 211
グルーオン 203
継続時間 27
計量 219

N.D.C.420　244p　18cm

ブルーバックス　B-2031

時間(じかん)とはなんだろう
最新物理学で探る「時」の正体

2017年 9 月20日　第 1 刷発行
2025年 4 月 3 日　第10刷発行

著者　松浦(まつうら)　壮(そう)
発行者　篠木和久
発行所　株式会社講談社
〒112-8001　東京都文京区音羽2-12-21
電話　出版　03-5395-3524
販売　03-5395-5817
業務　03-5395-3615
印刷所　(本文印刷) 株式会社 新藤慶昌堂
(カバー表紙印刷) 信毎書籍印刷株式会社
製本所　株式会社国宝社

定価はカバーに表示してあります。

ISBN978－4－06－502031－9

発刊のことば

科学をあなたのポケットに

二十世紀最大の特色は、それが科学時代であるということです。科学は日に日に進歩を続け、止まるところを知りません。ひと昔前の夢物語もどんどん現実化しており、今やわれわれの生活のすべてが、科学によってゆり動かされているといっても過言ではないでしょう。

そのような背景を考えれば、学者や学生はもちろん、産業人も、セールスマンも、ジャーナリストも、家庭の主婦も、みんなが科学を知らなければ、時代の流れに逆らうことになるでしょう。

ブルーバックス発刊の意義と必然性はそこにあります。このシリーズは、読む人に科学的に物を考える習慣と、科学的に物を見る目を養っていただくことを最大の目標にしています。そのためには、単に原理や法則の解説に終始するのではなくて、政治や経済など、社会科学や人文科学にも関連させて、広い視野から問題を追究していきます。科学はむずかしいという先入観を改める表現と構成、それも類書にないブルーバックスの特色であると信じます。

一九六三年九月　　野間省一

ブルーバックス　物理学関係書（II）

1701 光と色彩の科学　齋藤勝裕
1715 量子もつれとは何か　古澤　明
1716 「余剰次元」と逆二乗則の破れ　村田次郎
1720 傑作！　物理パズル50　ポール・G・ヒューイット＝作　松森靖夫＝編訳
1728 ゼロからわかるブラックホール　大須賀健
1731 宇宙は本当にひとつなのか　村山　斉
1738 物理数学の直観的方法（普及版）　長沼伸一郎
1776 現代素粒子物語（高エネルギー加速器研究機構）＝協力　中嶋　彰／KEK
1780 オリンピックに勝つ物理学　望月　修
1799 宇宙になぜ我々が存在するのか　村山　斉
1803 高校数学でわかる相対性理論　竹内　淳
1815 大人のための高校物理復習帳　桑子　研
1827 大栗先生の超弦理論入門　大栗博司
1836 真空のからくり　山田克哉
1860 発展コラム式　中学理科の教科書　改訂版　物理・化学編　滝川洋二＝編
1867 高校数学でわかる流体力学　竹内　淳
1871 アンテナの仕組み　小暮裕明　小暮芳江
1894 エントロピーをめぐる冒険　鈴木　炎
1905 あっと驚く科学の数字　数から科学を読む研究会
1912 マンガ　おはなし物理学史　小山慶太＝原作　佐々木ケン＝漫画
1924 謎解き・津波と波浪の物理　保坂直紀
1930 光と重力　ニュートンとアインシュタインが考えたこと　小山慶太
1932 天野先生の「青色LEDの世界」　天野　浩／福田大展
1937 輪廻する宇宙　横山順一
1940 すごいぞ！　身のまわりの表面科学　日本表面科学会
1960 超対称性理論とは何か　小林富雄
1961 曲線の秘密　松下泰雄
1970 高校数学でわかる光とレンズ　竹内　淳
1981 宇宙は「もつれ」でできている　ルイーザ・ギルダー　山田克哉＝監訳　窪田恭子＝訳
1982 光と電磁気　ファラデーとマクスウェルが考えたこと　小山慶太
1983 重力波とはなにか　安東正樹
1986 ひとりで学べる電磁気学　中山正敏
2019 時空のからくり　山田克哉
2027 重力波で見える宇宙のはじまり　ピエール・ビネトリュイ　安東正樹＝監訳　岡田好恵＝訳
2031 時間とはなんだろう　松浦　壮
2032 佐藤文隆先生の量子論　佐藤文隆
2040 ペンローズのねじれた四次元　増補新版　竹内　薫
2048 $E=mc^2$ のからくり　山田克哉
2056 新しい1キログラムの測り方　臼田　孝

ブルーバックス　物理学関係書（III）

2061 科学者はなぜ神を信じるのか　三田一郎
2078 独楽の科学　山崎詩郎
2087 「超」入門　相対性理論　福江　淳
2090 はじめての量子化学　平山令明
2091 いやでも物理が面白くなる　新版　志村史夫
2096 2つの粒子で世界がわかる　森　弘之
2100 プリンシピア　自然哲学の数学的原理　第I編　物体の運動　アイザック・ニュートン　中野猿人＝訳・注
2101 プリンシピア　自然哲学の数学的原理　第II編　抵抗を及ぼす媒質内での物体の運動　アイザック・ニュートン　中野猿人＝訳・注
2102 プリンシピア　自然哲学の数学的原理　第III編　世界体系　アイザック・ニュートン　中野猿人＝訳・注
2115 量子力学と相対性理論を中心として　「ファインマン物理学」を読む　普及版　竹内　薫
2124 時間はどこから来て、なぜ流れるのか？　吉田伸夫
2129 電磁気学を中心として　「ファインマン物理学」を読む　普及版　竹内　薫
2130 力学と熱力学を中心として　「ファインマン物理学」を読む　普及版　竹内　薫
2139 量子とはなんだろう　松浦　壮
2143 時間は逆戻りするのか　高水裕一
2162 トポロジカル物質とは何か　長谷川修司
2169 アインシュタイン方程式を読んだら「宇宙」が見えた　深川峻太郎
2183 早すぎた男　南部陽一郎物語　中嶋　彰
2193 思考実験　科学が生まれるとき　榛葉　豊
2194 宇宙を支配する「定数」　臼田　孝
2196 ゼロから学ぶ量子力学　竹内　薫

ブルーバックス　宇宙・天文関係書

1394 ニュートリノ天体物理学入門　小柴昌俊
1487 ホーキング　虚時間の宇宙　竹内　薫
1592 発展コラム式　中学理科の教科書　第2分野（生物・地球・宇宙）　石渡正志／滝川洋二＝編
1697 インフレーション宇宙論　佐藤勝彦
1728 ゼロからわかるブラックホール　大須賀　健
1731 宇宙は本当にひとつなのか　村山　斉
1762 完全図解　宇宙手帳　渡辺勝巳／JAXA（宇宙航空研究開発機構）＝協力
1799 宇宙になぜ我々が存在するのか　村山　斉
1806 新・天文学事典　谷口義明＝監修
1861 発展コラム式　中学理科の教科書　改訂版　生物・地球・宇宙編　石渡正志／滝川洋二＝編
1887 小惑星探査機「はやぶさ2」の大挑戦　山根一眞
1905 あっと驚く科学の数字　数から科学を読む研究会
1937 輪廻する宇宙　横山順一
1961 曲線の秘密　松下泰雄
1971 へんな星たち　鳴沢真也
1981 宇宙は「もつれ」でできている　ルイーザ・ギルダー／山田克哉＝監訳／窪田恭子＝訳
2006 宇宙に「終わり」はあるのか　吉田伸夫
2011 巨大ブラックホールの謎　本間希樹

2027 重力波で見える宇宙のはじまり　ピエール・ビネトリュイ／安東正樹＝監訳／岡田好恵＝訳
2066 宇宙の「果て」になにがあるのか　戸谷友則
2084 不自然な宇宙　須藤　靖
2124 時間はどこから来て、なぜ流れるのか？　吉田伸夫
2128 地球は特別な惑星か？　成田憲保
2140 宇宙の始まりに何が起きたのか　杉山　直
2150 連星からみた宇宙　鳴沢真也
2155 見えない宇宙の正体　鈴木洋一郎
2167 三体問題　浅田秀樹
2175 爆発する宇宙　戸谷友則
2176 宇宙人と出会う前に読む本　高水裕一
2187 マルチメッセンジャー天文学が捉えた新しい宇宙の姿　田中雅臣

ブルーバックス　地球科学関係書（I）

1414	謎解き・海洋と大気の物理	保坂直紀
1510	新しい高校地学の教科書	杵島正洋／松本直記／左巻健男＝編著
1592	発展コラム式　中学理科の教科書　第2分野（生物・地球・宇宙）	石渡正志／滝川洋二＝編
1639	見えない巨大水脈　地下水の科学	日本地下水学会／井田徹治
1670	森が消えれば海も死ぬ　第2版	松永勝彦
1721	図解　気象学入門	古川武彦／大木勇人
1756	山はどうしてできるのか	藤岡換太郎
1804	海はどうしてできたのか	藤岡換太郎
1824	日本の深海	瀧澤美奈子
1834	図解　プレートテクトニクス入門	木村　学／大木勇人
1844	死なないやつら	長沼　毅
1861	発展コラム式　中学理科の教科書　改訂版　生物・地球・宇宙編	石渡正志／滝川洋二＝編
1865	地球進化　46億年の物語	ロバート・ヘイゼン／円城寺　守＝監訳／渡会圭子＝訳
1883	地球はどうしてできたのか	吉田晶樹
1885	川はどうしてできるのか	藤岡換太郎
1905	あっと驚く科学の数字　数から科学を読む研究会	
1924	謎解き・津波と波浪の物理	保坂直紀
1925	地球を突き動かす超巨大火山	佐野貴司
1936	Q&A火山噴火127の疑問	日本火山学会＝編
1957	日本海　その深層で起こっていること	蒲生俊敬
1974	海の教科書	柏野祐二
1995	活断層地震はどこまで予測できるか	遠田晋次
2000	日本列島１００万年史	山崎晴雄／久保純子
2002	地学ノススメ	鎌田浩毅
2004	人類と気候の10万年史	中川　毅
2008	地球はなぜ「水の惑星」なのか	唐戸俊一郎
2015	三つの石で地球がわかる	藤岡換太郎
2021	海に沈んだ大陸の謎	佐野貴司
2067	フォッサマグナ	藤岡換太郎
2068	太平洋　その深層で起こっていること	蒲生俊敬
2074	地球46億年　気候大変動	横山祐典
2075	日本列島の下では何が起きているのか	中島淳一
2094	富士山噴火と南海トラフ	鎌田浩毅
2095	深海——極限の世界	藤倉克則・木村純一＝編著／海洋研究開発機構＝協力
2097	地球をめぐる不都合な物質	日本環境学会＝編著
2116	見えない絶景　深海底巨大地形	藤岡換太郎
2128	地球は特別な惑星か？	成田憲保
2132	地磁気逆転と「チバニアン」	菅沼悠介

ブルーバックス　数学関係書 (I)

116	推計学のすすめ	佐藤　信
120	統計でウソをつく法	ダレル・ハフ　高木秀玄＝訳
177	ゼロから無限へ	C・レイド　芹沢正三＝訳
325	現代数学小事典	寺阪英孝＝編
722	解ければ天才！　算数100の難問・奇問	中村義作
833	虚数iの不思議	堀場芳数
862	対数eの不思議	堀場芳数
926	原因をさぐる統計学	豊田秀樹／前田忠彦／柳井晴夫
1003	マンガ　微積分入門	岡部恒治　藤岡文世＝絵
1013	違いを見ぬく統計学	豊田秀樹
1037	道具としての微分方程式	斎藤恭一　吉田　剛＝絵
1201	自然にひそむ数学	佐藤修一
1243	高校数学とっておき勉強法	鍵本　聡
1312	マンガ　おはなし数学史	仲田紀夫＝原作　佐々木ケン＝漫画
1332	集合とはなにか　新装版	竹内外史
1352	確率・統計であばくギャンブルのからくり	谷岡一郎
1353	算数パズル「出しっこ問題」傑作選	仲田紀夫
1366	数学版　これを英語で言えますか？	保江邦夫＝著　E・ネルソン＝監修
1383	高校数学でわかるマクスウェル方程式	竹内　淳
1386	素数入門	芹沢正三
1407	入試数学　伝説の良問100	安田　亨
1419	パズルでひらめく　補助線の幾何学	中村義作
1429	数学21世紀の7大難問	中村　亨
1433	大人のための算数練習帳	佐藤恒雄
1453	大人のための算数練習帳　図形問題編	佐藤恒雄
1479	なるほど高校数学　三角関数の物語	原岡喜重
1490	暗号の数理　改訂新版	一松　信
1493	計算力を強くする	鍵本　聡
1536	計算力を強くするpart2	鍵本　聡
1547	広中杯　ハイレベル中学数学に挑戦	算数オリンピック委員会＝監修　青木亮二＝解説
1557	やさしい統計入門	田栗正章／藤越康祝／柳井晴夫／C・R・ラオ
1595	数論入門	芹沢正三
1598	なるほど高校数学　ベクトルの物語	原岡喜重
1606	関数とはなんだろう	山根英司
1619	離散数学「数え上げ理論」	野﨑昭弘
1620	高校数学でわかるボルツマンの原理	竹内　淳
1629	計算力を強くする　完全ドリル	鍵本　聡
1657	高校数学でわかるフーリエ変換	竹内　淳
1677	新体系　高校数学の教科書（上）	芳沢光雄
1678	新体系　高校数学の教科書（下）	芳沢光雄
1684	ガロアの群論	中村　亨

ブルーバックス　数学関係書（II）

1704 高校数学でわかる線形代数　竹内 淳
1724 ウソを見破る統計学　神永正博
1738 物理数学の直観的方法（普及版）　長沼伸一郎
1740 マンガで読む　計算力を強くする　がそんみほ＝マンガ　銀杏社＝構成
1743 大学入試問題で語る数論の世界　清水健一
1757 高校数学でわかる統計学　竹内 淳
1764 新体系　中学数学の教科書（上）　芳沢光雄
1765 新体系　中学数学の教科書（下）　芳沢光雄
1770 連分数のふしぎ　木村俊一
1782 はじめてのゲーム理論　川越敏司
1784 確率・統計でわかる「金融リスク」のからくり　吉本佳生
1786 「超」入門　微分積分　神永正博
1788 複素数とはなにか　示野信一
1795 シャノンの情報理論入門　高岡詠子
1808 算数オリンピックに挑戦 '08～'12年度版　算数オリンピック委員会＝編
1810 不完全性定理とはなにか　竹内 薫
1818 オイラーの公式がわかる　原岡喜重
1819 世界は2乗でできている　小島寛之
1822 マンガ　線形代数入門　鍵本 聡＝原作　北垣絵美＝漫画
1823 三角形の七不思議　細矢治夫
1828 リーマン予想とはなにか　中村 亨
1833 超絶難問論理パズル　小野田博一
1841 難関入試　算数速攻術　中川 塁　松島りつこ＝画
1851 チューリングの計算理論入門　高岡詠子
1880 非ユークリッド幾何の世界　新装版　寺阪英孝
1888 直感を裏切る数学　神永正博
1890 ようこそ「多変量解析」クラブへ　小野田博一
1893 逆問題の考え方　上村 豊
1897 算法勝負！「江戸の数学」に挑戦　山根誠司
1906 ロジックの世界　ダン・クライアン／シャロン・シュアティル　ビル・メイブリン＝絵　田中一之＝訳
1907 素数が奏でる物語　西来路文朗／清水健一
1917 群論入門　芳沢光雄
1921 数学ロングトレイル「大学への数学」に挑戦　山下光雄
1927 確率を攻略する　小島寛之
1933 「P≠NP」問題　野﨑昭弘
1941 数学ロングトレイル　「大学への数学」に挑戦　ベクトル編　山下光雄
1942 数学ロングトレイル　「大学への数学」に挑戦　関数編　山下光雄
1961 曲線の秘密　松下泰雄
1967 世の中の真実がわかる「確率」入門　小林道正

ブルーバックス　数学関係書(III)

1968 脳・心・人工知能　甘利俊一
1969 四色問題　一松 信
1984 経済数学の直観的方法　マクロ経済学編　長沼伸一郎
1985 経済数学の直観的方法　確率・統計編　長沼伸一郎
1998 結果から原因を推理する「超」入門ベイズ統計　石村貞夫
2001 人工知能はいかにして強くなるのか？　小野田博一
2003 素数はめぐる　西来路文朗／清水健一
2023 曲がった空間の幾何学　宮岡礼子
2033 ひらめきを生む「算数」思考術　安藤久雄
2035 現代暗号入門　神永正博
2036 美しすぎる「数」の世界　清水健一
2043 理系のための微分・積分復習帳　竹内 淳
2046 方程式のガロア群　金重 明
2059 離散数学「ものを分ける理論」　徳田雄洋
2065 学問の発見　広中平祐
2069 今日から使える微分方程式　普及版　飽本一裕
2079 はじめての解析学　原岡喜重
2081 今日から使える物理数学　普及版　岸野正剛
2085 今日から使える統計解析　普及版　大村 平
2092 いやでも数学が面白くなる　志村史夫
2093 今日から使えるフーリエ変換　普及版　三谷政昭
2098 高校数学でわかる複素関数　竹内 淳
2104 トポロジー入門　都築卓司
2107 数学にとって証明とはなにか　瀬山士郎
2110 高次元空間を見る方法　小笠英志
2114 数の概念　高木貞治
2118 道具としての微分方程式　偏微分編　斎藤恭一
2121 離散数学入門　芳沢光雄
2126 数の世界　松岡 学
2137 有限の中の無限　西来路文朗／清水健一
2141 今日から使える微積分　普及版　大村 平
2147 円周率πの世界　柳谷 晃
2153 多角形と多面体　日比孝之
2160 多様体とは何か　小笠英志
2161 なっとくする数学記号　黒木哲徳
2167 三体問題　浅田秀樹
2168 大学入試数学　不朽の名問100　鈴木貫太郎
2171 四角形の七不思議　細矢治夫
2178 数式図鑑　横山明日希
2179 数学とはどんな学問か？　津田一郎
2182 マンガ 一晩でわかる中学数学　端野洋子
2188 世界は「e」でできている　金 重明